INSTITUT FÜR TIERWISSENSCHAFTEN
ABTEILUNG PHYSIOLOGIE UND HYGIENE
DER RHEINISCHEN FRIEDRICH-WILHELMS-UNIVERSITÄT BONN

Untersuchungen zur mRNA-Expression von Adiponectin und anderen Adipokinen, ihren Rezeptoren sowie von fettsäurebindenden Rezeptoren im Fettgewebe von Wiederkäuern

INAUGURAL-DISSERTATION

zur

Erlangung des Grades

Doktor der Agrarwissenschaften

(Dr. agr.)

der

Hohen Landwirtschaftlichen Fakultät

der

Rheinischen Friedrich-Wilhelms-Universität

zu Bonn

vorgelegt am 31.07.2009

von Dipl.-Ing. agr. Anneka Lemor

aus Bonn

Bibliografische Information der Deutschen Nationalbibliothek
Die Deutsche Nationalbibliothek verzeichnet diese Publikation in der Deutschen Nationalbibliografie; detaillierte bibliografische Daten sind im Internet über http://dnb.d-nb.de abrufbar.
1. Aufl. - Göttingen : Cuvillier, 2010
Zugl.: Bonn, Univ., Diss., 2009

978-3-86955-356-6

Referentin: Prof. Dr. Dr. Helga Sauerwein

Korreferent: Prof. Dr. Karl-Heinz Südekum

Tag der mündlichen Prüfung: 16.12.2009

Erscheinungsjahr 2010

Diese Dissertation ist auf dem Hochschulschriftenserver der ULB Bonn http://hss.ulb.uni-bonn.de/diss_online elektronisch publiziert

Nonnenstieg 8, 37075 Göttingen
Telefon: 0551-54724-0
Telefax: 0551-54724-21
www.cuvillier.de

1. Auflage, 2010
Gedruckt auf säurefreiem Papier

978-3-86955-356-6

Meinen Eltern

Siege, wenn du kannst,
verliere, wenn du musst,
aber kapituliere nie.
(André Kudelski)

Untersuchungen zur mRNA-Expression von Adiponectin und anderen Adipokinen, ihren Rezeptoren sowie von fettsäurebindenden Rezeptoren im Fettgewebe von Wiederkäuern.

Ziel dieser Arbeit war die Untersuchung der mRNA-Expression verschiedener Adipokine, die im Zusammenhang mit dem Energiehaushalt, dem Fettstoffwechsel und der Glukosehomöostase stehen, deren Rezeptoren sowie ausgewählter G-Protein gekoppelter Rezeptoren (GPRs) im Fettgewebe von Wiederkäuern. Dabei wurden zwei Beobachtungsschwerpunkte gesetzt: Zum Einen während der Transitionsphase, die von Bedeutung für die Tiergesundheit und damit die Produktivität und Wirtschaftlichkeit in der Milchviehhaltung ist. Dafür wurden subkutane (s.c.) Fettproben ca. eine Woche ante partum (a.p.) und ca. drei Wochen post partum (p.p.) aus der Nähe des Schwanzansatzes entnommen. Zum Anderen wurden fünf verschiedene s.c. und viszerale (v.c.) Fettdepots beim Schaf untersucht, um potentielle Unterschiede zwischen verschiedenen Fettdepots bezüglich ihrer metabolischen Charakteristika in Bezug auf Lipolyse und Insulinsensitivität zu suchen. Die drei verschiedenen s.c. Fettdepots stammten vom Brustbein, dem Widerrist und der Schwanzbasis der Schafe, die v.c Depots waren perirenales sowie omentales Fett. Bei den untersuchten Adipokinen handelte es sich um Adiponectin, Leptin und Visfatin und die dazugehörigen Rezeptoren Adiponectinrezeptor 1 und 2 (AdipoR1/2), der langen Isoform des Leptinrezeptors (ObRb), sowie den Insulinrezeptor (IR). Zudem wurden die Rezeptoren für kurzkettige Fettsäuren GPR 41 und 43 sowie ein für das Rind putativer Rezeptor für Nikotinsäure und ß-Hydroxybutyrat (BHB), GPR 109A studiert. Bei den Milchkühen war eine Reduktion der mRNA-Expression von AdipoR1 und AdipoR2 p.p. sowie eine tendenzielle Reduktion von Visfatin ($P = 0{,}074$) und putativen GPR 109A ($P = 0{,}093$) festzustellen. Dagegen stieg die mRNA-Expression von ObRb und GPR 41 in der frühen Laktation an. Im v.c. Fett der Schafe wurde die mRNA von AdipoR1, AdipoR2, IR und putativem GPR 41 höher exprimiert als im s.c. Fett. Bei Leptin wurden Unterschiede innerhalb der fünf Fettlokalisationen gefunden, tendenziell auch binnen der drei s.c. Depots. Aufgrund der reduzierten mRNA-Expression beider Adiponectinrezeptoren p.p. leiten wir eine reduzierte Adiponectinsensitivität des Fettgewebes zu diesem Zeitpunkt bei Milchrindern ab, die im Zusammenhang mit der herabgesetzten Insulinsensitivität während der frühen Laktation stehen könnte. In diesem metabolischen Gefüge könnten auch Visfatin, GPR 41 und der putative GPR 109A eine Rolle spielen. Bisher ist über die mRNA-Expression der verschiedenen Fettdepots beim Rind wenig bekannt. Unsere Ergebnisse in der Schafstudie zeigen jedoch depotspezifische mRNA-Expressionen, die in Zukunft auch beim Rind charakterisiert werden sollten.

Studies about the mRNA expression of adiponectin and other adipokines, their receptors as well as fatty acid binding receptors in adipose tissue in ruminants.

The aim of this thesis was to study the mRNA expression of several adipokines, their receptors and of selected G-protein coupled receptors (GPRs), which are involved in energy supply, lipid metabolism, and glucose homeostasis, in adipose tissue in ruminants. We focused on two aspects: First, the transition period is of relevance for animal health and thus for efficiency and economy in dairy cows. Biopsies from subcutaneous (s.c.) fat were obtained one week before and three weeks after calving. Second, we studied five different s.c. and visceral (v.c.) fat depots in sheep because v.c. and s.c. depots may differ concerning their metabolic characteristics regarding lipolysis and insulin sensitivity. Samples from 10 rams were collected at slaughter from three s.c. depots, i.e. close to sternum, close to withers, and at the base of tail, and from two v.c. depots, i.e. from perirenal and omental fat. The adipokines examined were adiponectin, leptin, and visfatin, and the corresponding receptors adiponectin receptors 1 and 2 (AdipoR1/2), the long form of leptin receptor (obRb), and insulin receptor (IR). Moreover, we quantified the mRNA expression of the receptors for short chain fatty acids GPR 41 and GPR 43, as well as the putative bovine receptor for nicotinic acid and ß-hydroxybutyric acid (BHB); namely GPR 109A. For AdipoR1 and AdipoR2 mRNA, a reduction in mRNA expression was observed postpartum (p.p.); concerning visfatin and putative GPR 109A mRNA abundance in adipose tissue we noticed a trend for a reduction ($P = 0.074$ and $P = 0.093$, respectively). In contrast, the mRNA expression for GPR 41 and obRb was increased during early lactation. The mRNAs of both adiponectin receptors, as well as IR and putative GPR 41, were higher expressed in v.c. fat than in s.c. fat in sheep. For leptin, we observed divergent mRNA abundances between the five measured fat depots and also as a trend inside the three s.c. fat depots. The reduced mRNA expression of both adiponectin receptors indicates decreasing adiponectin sensitivity in adipose tissue after calving which might be involved in the reduced insulin sensitivity of adipose tissue during early lactation. In addition, visfatin, GPR 41, and putative GPR 109A might be further modulated in this metabolic relationship. Less is known about different fat localizations in dairy cows. Our results in sheep point to a divergent mRNA expression in different fat depots, which should be proven in further studies in cattle.

Inhaltsverzeichnis

Abkürzungsverzeichnis*

Abb.	Abbildung
Acc.	Accession
Acrp30	Synonym für Adiponectin (synonym for adiponectin)
AdipoQ	Synonym für Adiponectin (synonym for adiponectin)
AdipoR1	Adiponectinrezeptor 1 (adiponectin receptor 1)
AdipoR2	Adiponectinrezeptor 2 (adiponectin receptor 2)
AMP	Adenosinmonophosphat
AMPK	5´-AMP-aktivierte Proteinkinase
a.p.	ante partum (antepartum)
apM1	Synonym für Adiponectin (synonym for adiponectin)
APPL1	adaptor protein containing pleckstrin homology domain, phosphotyrosine binding domain and leucine zipper motif
AT	adipose tissues
BHB	ß-Hydroxybutyrat (ß-hydroxybutyric acid)
bp	Basenpaare (base pairs)
cAMP	cyklisches Adenosinmonophosphat
CB1	Cannabinoid Rezeptor 1
CRP	C-reaktives Protein
cDNA	complementary DNA
COOH	Carboxyterminus
DNA	deoxyribonucleic acid
DNase	deoxyribonuclease
E	Exon

EDTA	ethylenediaminetetraacetic acid
ELISA	enzyme-linked immunosorbent assay
F	Forward Primer
FFA	freie Fettsäuren
Fig.	Abbildung
g	Erdbeschleunigung
G_i	Unterfamilie i der G-Proteine
G_q	Unterfamilie q der G-Proteine
G_s	Unterfamilie s der G-Proteine
$G_{12/13}$	Unterfamilie 12/13 der G-Proteine
GAPDH	glyceraldehyde-phosphate-dehydrogenase
GBP28	Synonym für Adiponectin (synonym for adiponectin)
GPR	G-Protein gekoppelter Rezeptor (G-protein coupled receptor)
G-Protein	Guaninnucleotid-bindendes Protein
HM74A	Synonym für GPR 109A (synonym for GPR 109A)
HMW	high-molecular-weight
I	Intron
ICC	Intraclass correlation coefficient
IL-6	Interleukin-6
IR	Insulinrezeptor (insulin receptor)
JAK	Janus-Kinase
K_d	Equilibrium-Dissoziationskonstante
LRP 10	low density lipoprotein receptor-related protein 10
mRNA	messenger RNA
n	number of animals
NEB	negative Energiebilanz
NEFA	nonesterified fatty acids

NH_2	Aminoterminus
NIH	National Institutes of Health
NO	Stickstoffmonoxid
no-RT	no reverse transkriptase control
n.s.	not significant
NTC	no template control
ObRa	kurze Isoform des Leptinrezeptors
ObRb	lange Isoform des Leptinrezeptors (long isoform of leptin receptor)
ObRc	Isoform c des Leptinrezeptors
ObRd	Isoform d des Leptinrezeptors
ObRf	Isoform f des Leptinrezeptors
P	Irrtumswahrscheinlichkeit (significance level)
p	Significance level
PAI-1	Plasminogen-Aktivator-Inhibitor Typ-1
PBEF	pre-B cell colony-enhancing factor
PKA	Proteinkinase A
p.p.	post partum (postpartum)
PBMC	Peripheral blood mononuclear cells
PCR	Polymerase-Ketten-Reaktion (polymerase chain reaction)
PLC-ß2	Phosphoinositid-Phospholipase C Typ ß
PPARα	Peroxisome-Proliferator-actived receptor α
PPARγ	Peroxisome-Proliferator-actived receptor γ
PUFA	mehrfach ungesättigte Fettsäure
PumaG	Synonym für GPR 109A (synonym for GPR 109A)
r	correlation coefficient
R	Reverse Primer
RNA	Ribonukleinsäure (ribonucleic acid)
ROS	reaktive Sauerstoffspezies

RT	reverse transcriptase
RT-PCR	Reverse Transkriptase PCR (reverse transcriptase PCR)
SAA	Serum-Amyloid-A
s.c.	Subkutan (subcutaneous)
s.c.S	s.c. close to sternum
s.c.T	s.c. base of tail
s.c.W	s.c. close to withers
SCFA	kurzkettige Fettsäuren (short-chain fatty acids)
SD	standard deviation
SEM	standard error of the mean
SP	Signalpeptid
STAT	Signal Transducers and Activators of Transcription
Tab.	Tabelle
TNFα	Tumornekrosefaktor α
TZD	Thiazolidin
v.c.	Viszeral (visceral)
v.c.O	v.c. omental
v.c.P	v.c. perirenal
vs.	versus
3T3-L1 cells	cell line derived from 3T3 cells

*Abkürzungen des deutschsprachigen Teils sind in deutsch erklärt; Abkürzungen der englischsprachigen Teile sind in englisch erklärt; Abkürzungen, die im deutschsprachigen und in den englischsprachigen Teilen vorkommen, sind in deutsch und englisch erklärt

Kapitel 1

Einleitung

1.1 Fettgewebe und Adipokine

1.1.1 Subkutane und viszerale Fettlokalisationen

Das weiße Fettgewebe kann nach seiner Lokalisation in subkutanes (s.c.) und viszerales (v.c.) Fettgewebe unterteilt werden. Die unmittelbar unter der Haut liegende Fettschicht wird als s.c. Fettschicht bezeichnet (Subkutis = Unterhaut) und ist von außen sichtbar. Unter dem Begriff v.c. Fett wird vor allem das Fett im tieferen abdominalen Bereich, welches die Organe umgibt, verstanden. Darunter fällt beispielsweise das perirenale, omentale oder auch das mesenteriale Fett. Gerade die Anreicherung von v.c. Fett wird mittlerweile als ein unabhängiger Risikofaktor für gängige Gesundheitsrisiken, die mit Fettleibigkeit in Verbindung stehen, wie z.B. Herz-Kreislauf-Erkrankungen oder Diabetes mellitus Typ-2 (Bjorntorp, 1991; Emery et al., 1993), angesehen. Allgemein steht sie im Zusammenhang mit Morbidität und Mortalität (Bjorntorp, 1991; Emery et al., 1993). Nichtsdestotrotz ist bisher über die Verbindung zwischen der v.c. Fettanreicherung und den oben erwähnten Gesundheitsproblemen nur sehr wenig bekannt, und auch dieser Zusammenhang ist kaum verstanden. Allerdings besteht die Möglichkeit, dass bestimmte Anteile des Fetts (z. B. das mesenteriale und das omentale Fett) in das venöse System abgeleitet werden, und somit Fettsäuren und andere vom Fettgewebe sezernierte Produkte direkt in die Leber gelangen (Bjorntorp, 1991) und diese belasten bzw. schädigen (Bsp. Fettlebersyndrom bei Kühen). Diese Zusammenhänge sind v. a. in den Bereichen der Humanmedizin und durch Tierversuche an Ratten und Mäusen beobachtet worden.

1.1.2 Die Transitionsperiode

Die Transitionsperiode bei der Milchkuh bezeichnet die Umstellung von der Gravidität zur Laktation und wird als Zeitraum zwischen der 3. Woche ante partum (a.p.) und der 3. Woche post partum (p.p.) definiert (Grummer, 1995; Drackley, 1999). Diese als kritisch anzusehende Zeit, die von besonderer Bedeutung für Gesundheit, Milchproduktion und Profitabilität der Kuh ist (Drackley, 1999), ist gekennzeichnet durch hormonelle Veränderungen in

Vorbereitung auf die bevorstehende Kalbung und Laktation (Grummer, 1995) sowie durch hohe metabolische Anforderungen durch den Fötus und die Milchsynthese (Bell, 1995). Die Grenze, bei der Energiebedarf über die Futteraufnahme nicht mehr gedeckt werden kann, auch nicht bei entsprechender Energiedichte der Ration und optimalem Management, liegt bei einer Laktationsleistung von ca. 10.000 kg, einem Wert, der bei Hochleistungskühen durchaus erreicht wird (Breves & Rodehutscord, 2000). Da sich die Trockenmasseaufnahme jedoch schon vor der Kalbung reduziert (Grummer et al., 1995) und p.p. nur allmählich ansteigt (Rehage & Kaske, 2004), befinden sich die Tiere in der Regel zu Beginn der Laktation in einer negativen Energiebilanz (NEB) (Drackley, 1999).

Gelingt es dem Tier nicht, seinen Energiestoffwechsel schnellstmöglich an den Bedarf anzupassen, stellen sich metabolische und damit verschiedenste gesundheitliche Probleme ein, wie beispielsweise Gebärparese, Acetonämie, Nachgeburtsverhaltung oder Metritis, die für den Landwirt kostspielig sind (Drackley, 1999). Jedoch ist die NEB in einem gewissen Umfang als physiologisch anzusehen (Bell, 1995) und ist somit nicht die primäre Ursache für das erhöhte Risiko der Tiere infektiöse sowie nicht-infektiöse Erkrankungen während der Transitionsperiode zu erleiden. Vielmehr ist eine unzureichende Adaption an die NEB der Auslöser (Rehage & Kaske, 2004), vorausgesetzt die NEB bewegt sich in einem adäquaten Bereich.

1.2 Adipokine und fettsäurebindende Rezeptoren

Als Hauptaufgabe des weißen Fettgewebes wurde lange Zeit die Speicherung von Energie angesehen, darüber hinaus dient es als Stützgewebe oder auch als thermischer Isolator (Bsp.: Schutz der Nieren vor Auskühlung). In den 90er Jahren des vergangenen Jahrhunderts wurde jedoch entdeckt, dass das weiße Fettgewebe auch als endokrines Organ fungiert (Hotamisligl et al., 1993; Zhang et al., 1994), welches eine ganze Reihe von Hormonen, die sog. Adipokine oder auch Adipozytokine, sezerniert (Szendrödi & Roden, 2004). Die biologischen Funktionen dieser Adipokine sind äußerst vielfältig. Sie können sowohl lokal (autokrin/parakrin) als auch systemisch (endokrin) als Botenstoffe wirken und übernehmen auch eine Reihe von Steuerungsfunktionen im Organismus. Die meisten Informationen über die Wirkungsweisen und Aktivitäten dieser Adipokine sind bei Monogastriern, besonders bei Menschen und Nagern, erforscht. Vor allem in der Humanmedizin werden Adipokine mit großem Interesse untersucht, da ihnen eine bedeutende Rolle bei der Entstehung zahlreicher Erkrankungen im Zusammenhang mit dem sog. metabolischen Syndrom zugesprochen wird.

Reaven (1988) fasste unter dem Begriff „Syndrom X" (heute bekannt als metabolisches Syndrom) eine Häufung verschiedener Risikofaktoren wie Dyslipidämie, Hypertonie und Hyperglykämie zusammen. Das metabolische Syndrom, dem auch eine verringerte Insulinsensitivität zugrunde liegt, ist ein multikomplexer Risikofaktor für Herz-Kreislauf-Erkrankungen.

Die Dysregulation von Adipokinen bei Adipositas steht im Zusammenhang mit Folgeerkrankungen, wie beispielsweise Diabetes mellitus Typ-2 und Arteriosklerose. Als Vorstufe dieser unter dem Begriff „metabolische Erkrankungen" zusammengefassten negativen Veränderungen bei Adipositas tritt eine sich verändernde Insulinsensitivität auf, die wiederum zu einer Störung der Regulation des Glukose- und Fettstoffwechsels führt (Abb. 1).

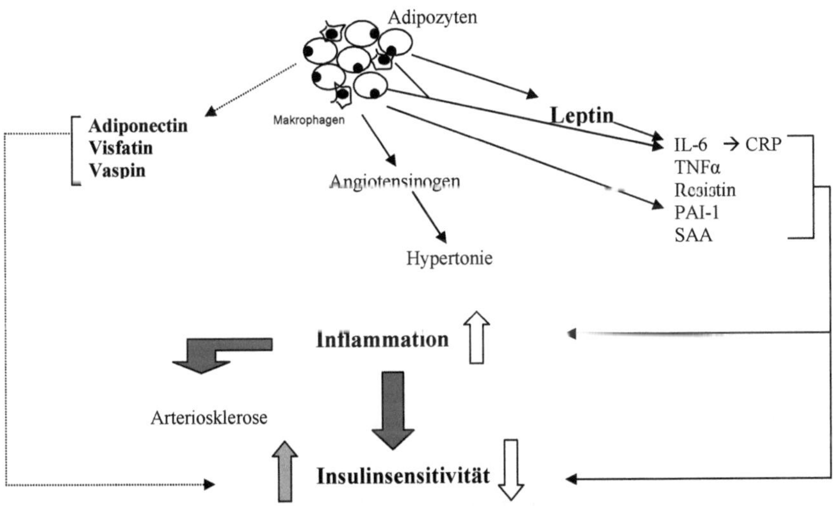

Abbildung 1: Fettgewebe, Adipokine und Insulinresistenz im Mausmodell. CRP: C-reaktives Protein; IL-6: Interleukin-6; PAI-1: Plasminogen-Aktivator-Inhibitor Typ-1; TNFα: Tumornekrosefaktor α; SAA: Serum-Amyloid-A (modifiziert nach Antuna-Puente et al., 2008).

Mittlerweile ist eine große Anzahl von Adipokinen bekannt, die alle Teil des kommunikativen Netzwerks zwischen dem Fettgewebe und anderen Organen (z. B. Skelettmuskeln, Gehirn, zentralem Nervensystem u. a.) sind und in vielen Regulationsmechanismen (z. B. Hunger, Energiebalance, Immunität, Insulinsensitivität) eine Rolle spielen (Ronti et al., 2006).

Besonders im Zusammenhang mit dem metabolischen Syndrom und Adipositas hat sich bei Monogastriern gezeigt, dass v. a. die Adipokine Leptin und Adiponectin sehr stark, im geringen Maße auch Visfatin, involviert sind und durchaus therapeutischen Charakter haben können, so dass die Erforschung ihrer genauen Funktion und Regulation intensiviert wurde.

1.2.1 Leptin und die Subtypen des Leptinrezeptors

Sowohl bei Monogastriern als auch bei Wiederkäuern ist Leptin das bisher am intensivsten untersuchte Adipokin, das in vielen Bereichen des Organismus tätig ist. Leptin ist ein Proteohormon, welches aus 167 Aminosäuren besteht und ein Molekulargewicht von 16 kDa aufweist. Das bovine Gen, das für Leptin codiert, besteht aus 3 Exons (vgl. Abb. 2) und umfasst ungefähr 18,9 kb des Genoms (Taniguchi et al., 2002). Die Aminosäuresequenzen verschiedener Spezies, beispielsweise von Mensch, verschiedenen Affenarten, Hund, Rind und Nagern stimmen zu 67 - 97% überein (Zhang et al., 1997). Der Vergleich zwischen den Wiederkäuerspezies Rind und Schaf zeigt eine zu 98% identische Sequenz.

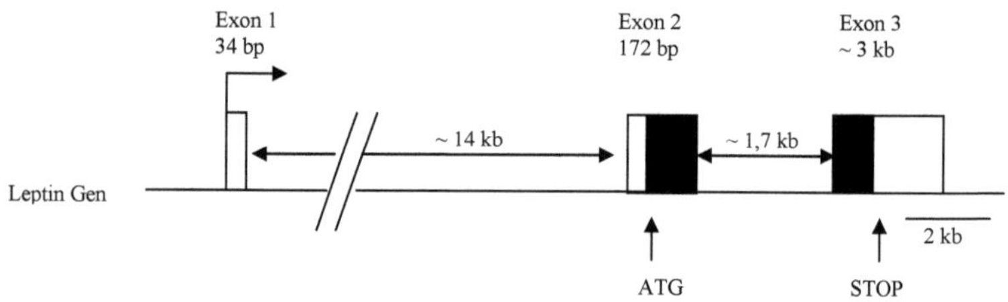

Abbildung 2: Intron-/Exonstruktur des bovinen Leptin-Gens. Die Position der drei Exons ist mit Rechtecken dargestellt: codierende Region: schwarze Rechtecke; nichtcodierende Region: leeren Rechtecke. bp: Basenpaare, kb: Kilobasen (modifiziert nach Taniguchi et al., 2002).

Die wichtigste Funktion des Leptins liegt in der Aufrechterhaltung der Energiehomöostase. Hierzu gehören z. B. die Regulierung des Appetits, des Energieverbrauchs sowie die Nährstoffverteilung zwischen den Geweben. Außerdem besitzt es zentrale Funktionen in der Körperzusammensetzung, bei der Reproduktion, bei der Regulation des Immunsystems, bei der Zellentwicklung und bei der Hormonsekretion verschiedener endokriner Drüsen (Kershaw & Flier, 2004). Sowohl beim Wiederkäuer (Chelikani et al., 2003) als auch beim Menschen und bei Nagetieren (Huan et al., 2003; Kershaw & Flier, 2004; Margetic et al., 2002) konnte nachgewiesen werden, dass Leptin über einen für Leptin spezifischen Rezeptoren wirkt. Diese Wirkung erfolgt nicht nur endokrin, beispielsweise im Gehirn, sondern auch autokrin oder parakrin innerhalb der Gewebe, in denen es gebildet wurde, beispielsweise im Fettgewebe. Eine Eigenschaft des Leptins, die bei der Betrachtung des Krankheitsbildes Adipositas als besonders interessant erscheint, ist seine Fähigkeit, die Lipolyse im Fettgewebe zu hemmen und gleichzeitig die Lipogenese zu fördern. Leptin ist Teil des Rückkopplungssystems, das die Fettspeicher im Körper reguliert und eng mit dem Anteil des Körperfetts und mit Gewichtsschwankungen korreliert. Aus diesem Grund gibt der Leptinspiegel im Blut unter Bedingungen des Fließgleichgewichts Aufschluss über die Gesamtfettmasse des Körpers, sofern dabei gleichbleibende Bedingungen in Bezug auf die Energiebilanz stehen. Dieser Zusammenhang zwischen Leptin und Fettgehalt wird auch bei den landwirtschaftlichen Nutztieren untersucht. Die Gruppen um Ehrhardt (2000) und Geary (2003) beobachten beim Rind eine Korrelation zwischen Plasma-Leptin und Körperfett bzw. der s.c. Fettdicke. Diese Zusammenhänge finden sich beim Schwein als auch beim Rind wieder (Altmann et al., 2006; Berg et al., 2003; Bispham et al., 2002; Blache et al., 2000; Daniel et al., 2002; Delavaud et al., 2000; Thomas et al., 2001). Beim Schaf sind jedoch bisher nur ausgewachsene Tiere oder neonatale Lämmer untersucht worden.

Die Signaltransduktion/Signalweiterleitung von Leptin erfolgt über membranständige Rezeptoren. Beim Nager sind bisher sechs Isoformen dieser Rezeptoren bekannt; diese sind die Produkte des Leptinrezeptorgens und resultieren aus alternativem mRNA Splicing und/oder proteolytischer Verarbeitung (Chua et al., 1997; Tartaglia, 1997). Alle Isoformen bestehen aus einer einheitlichen extrazellulären Ligandenbindungs-Domäne, die aus über 800 Aminosäuren zusammengesetzt ist, einer transmembranen Domäne aus 34 Aminosäuren und einer für jede Isoform spezifischen variablen intrazellulären Domäne (Anubhuti & Arora, 2008). Die längste Form, ObRb, kann alle Eigenschaften, die dem Leptin zugeschrieben werden, weiterleiten (Ahima & Flier, 2000; Myers 2004). Vier Isoformen (ObRa, ObRc, ObRd, ObRf) fehlt die interzelluläre Domäne, die für die STAT3 Aktivierung benötigt wird (Ahima & Flier, 2000; Myers 2004). Die wichtigste Signaltransduktionskette, die vom Leptin über den ObRb, nicht aber über die anderen Rezeptorisoformen, aktiviert wird, ist der„JAK/STAT-Pathway“. Daneben gibt es noch weitere, allerdings weniger wichtige Signaltransduktionsketten, die von Leptin aktiviert werden.

Bisher sind sowohl beim Rind als auch beim Schaf die Isoformen ObRa und ObRb nachgewiesen worden, wobei ObRb, im Gegensatz zu anderen Spezies, ubiquitär gefunden wurde (Boisclair et al., 2006). Auch der ObRa ist beim Rind bislang in Leber, Milz,

Hypophyse, Nebennierenrinde und Hirnstamm nachgewiesen worden (Chelikani et al., 2003; Silva et al., 2002).

1.2.2 Adiponectin und die Adiponectinrezeptoren 1 und 2

Adiponectin, das auch als AdipoQ, Acrp30, apM1 oder GBP28 bekannt ist, wird seit den 1990er Jahren untersucht. Bovines Adiponectin wurde erstmals im Jahr 2001 isoliert (Sato et al., 2001) und besteht aus 240 Aminosäuren (Abb. 3). Die Aminosäuresequenz dieses Proteins stimmt zu 92% mit derjenigen des humanen und zu 82% mit derjenigen des murinen Adiponectins überein (Sato et al., 2001). Bisher gibt es noch keine direkten Sequenzinformationen über ovines Adiponectin.

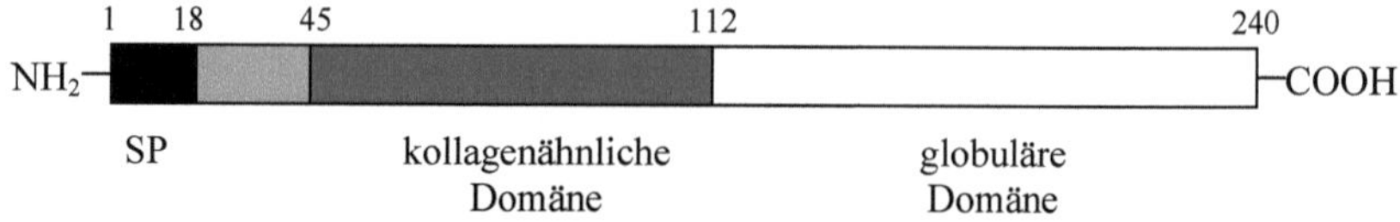

Abbildung 3: Struktur und Domänen des bovinen Adiponectins. COOH: Carboxyterminus; NH_2: Aminoterminus; SP: Signalpeptid; die angegebenen Ziffern kennzeichnen jeweils die erste Aminosäure der entsprechenden Domäne (modifiziert nach Sato et al., 2001).

Adiponectin wird vor allem in Adipozyten exprimiert (Hu et al., 1996; Scherer et al., 1995) und kommt in verschiedenen multimeren Formen vor. Im Blutserum findet man sowohl Trimere, als auch Hexamere und sog. High-Molecular-Weight-Komplexa (HMW-Komplexe), die aus 12 bis 18 Monomeren zusammengesetzt sind (Tsao et al., 2002; Tsao et al., 2003; Waki et al., 2003). Wie auch bei der Expression von Leptin steht die Adiponectinexpression eng mit dem Körpergewicht in Zusammenhang. Die Expression von Adiponectin ist aber, im Gegensatz zum Leptin, sowohl bei adipösen Menschen als auch bei adipösen Mäusen deutlich reduziert (Hu et al., 1996). Bei adipösen Patienten ist der Adiponectinplasmagehalt im Gegensatz zu normalgewichtigen Versuchspersonen verringert (Arita et al., 1999). Die Blutgehalte von Adiponectin sind nicht nur bei Adipositas-Patienten, sondern auch bei Magersüchtigen verändert, was sich darin äußert, dass bei Letzteren die Blutgehalte im Vergleich zu den normalgewichtigen Kontrollpersonen erhöht sind (Delporte et al., 2003;

Pannacciulli et al., 2003). Bei Gewichtsreduktion (beispielsweise nach einer Diät) bei Übergewichtigen und auch bei krankhaft fettleibigen Patienten nehmen sowohl die Blutspiegel als auch die Expression von Adiponectin im Fettgewebe wieder zu (Bruun et al., 2003; Kopp et al., 2005).

Adiponectin besitzt drei Rezeptoren, Adiponectinrezeptor 1 (AdipoR1), Adiponectinrezeptor 2 (AdipoR2) (Kadowaki et al., 2006) und T-Cadherin (Hug et al., 2004), welche die Wirkung des Hormons in das Zellinnere weiterleiten (Abb. 4). Sowohl AdipoR1 als auch AdipoR2 gehören zur Familie von Rezeptoren mit sieben transmembranen Domänen (Yamauchi et al., 2003), die keine Homologie mit G-Protein gekoppelten Rezeptoren (GPR) aufweisen. Adiponectin bindet an die C-terminale, extrazelluläre Domäne, während an der N-terminalen, intrazellulären Domäne APPL1 (adaptor protein containing pleckstrin homology domain, phosphotyrosine binding domain and leucine zipper motif) bindet. Über APPL1 wird die Auslösung einer Vielzahl von intrazellulären Signalkaskaden vermittelt (Abb. 5), beispielsweise die Aktivierung von AMPK (5´-AMP-aktivierte Proteinkinase) und PPARα (Peroxisome-Proliferator-actived receptor α) (Kadowaki et al., 2006). AMPK phosphoryliert Schlüsselenzyme unterschiedlicher Stoffwechselwege und beeinflusst auf diesem Wege die Cholesterinsynthese, die Lipogenese, die Triglyceridsynthese, die Adipozyten-Lipolyse und die ß-Oxidation in den Hepatozyten. Zudem wird die Glukoseaufnahme in Skelettmuskelzellen gesteigert (Winder & Hardie, 1999) und die Expression von Schlüsselenzymen der Glukoneogenese in Hepatozyten reduziert (Lochhead et al., 2000). Durch die Aktivierung von PPARα steigen Fettsäureverbrennung und Energieverbrauch, was wiederum zu einem reduzierten Triglyceridgehalt in der Leber und in den Skelettmuskeln führt. Dies zieht schlussendlich einen koordinerten Anstieg der Insulinsensitivität nach sich (Yamauchi et al., 2003). An den AdipoR1 bindet vor allem globuläres Adiponectin. Der AdipoR1 kommt ubiquitär vor, jedoch besonders häufig in der Skelettmuskulatur (Tsuchida et al., 2004). Hingegen findet sich der AdipoR2 vor allem in der Leber und fungiert hauptsächlich als Rezeptor für die HMW-Komplexe des Adiponectins (Tsuchida et al., 2004). T-Cadherin schließlich ist in Endothelzellen und glatter Muskulatur vorhanden (Hug et al., 2004) und bindet ausschließlich HMW-Adiponectin. T-Cadherin ist mit der Entwicklung von Artheriosklerose assoziiert, wird innerhalb artheriosklerotischer Läsionen verstärkt exprimiert (Hug et al., 2004; Takeuchi et al., 2007) und scheint keine Bedeutung für die hepatischen Effekte des Adiponectins zu haben (Hug et al., 2004).

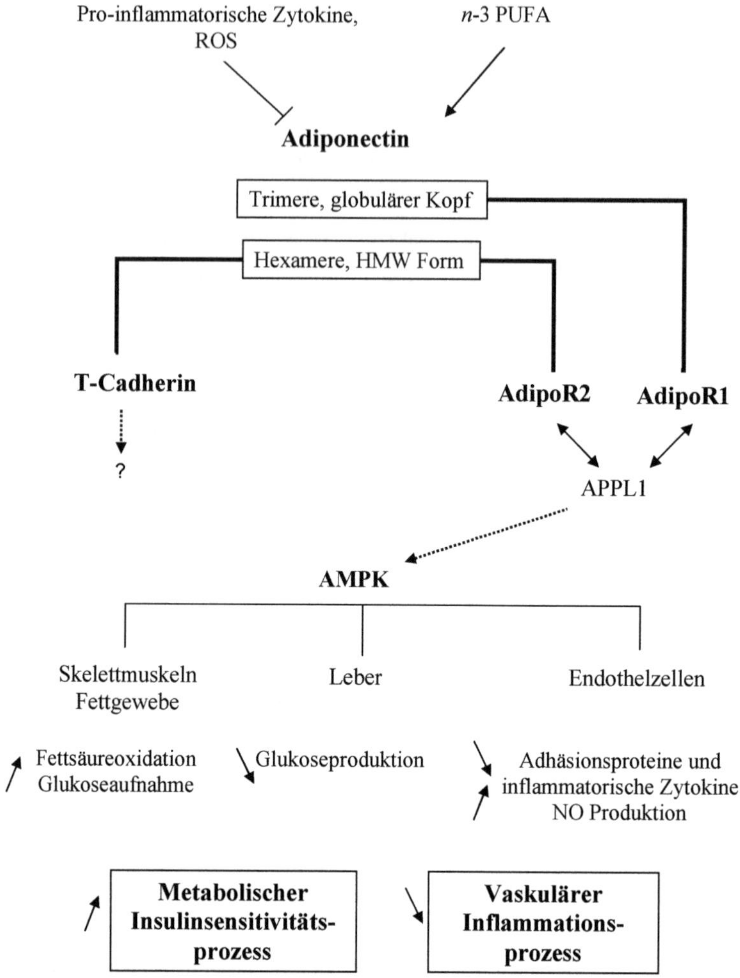

Abbildung 4: Schematische Darstellung der Adiponectinregulation mit den bisher bekannten metabolischen und vaskulären Mechanismen. AdipoR1: Adiponectinrezeptor 1; AdipoR2: Adiponectinrezeptor 2; AMPK: 5'-AMP-aktivierte Proteinkinase; APPL1: a pleckstrin homology domain-containing adaptor protein; HMW: high-molecular weight; NO: Stickstoffmonoxid; *n*-3 PUFA: *n*-3 mehrfach ungesättigte Fettsäuren; ROS: reaktive Sauerstoffspezies (modifiziert nach Guerro-Millo, 2008).

1.2.3 Visfatin

Visfatin wurde als ein Wachstumsfaktor für nicht aktivierte B-Zellen (PBEF = pre-B cell colony-enhancing factor) identifiziert (Samal et al., 1994). Das Visfatin/PBEF-Gen besteht aus 2,4 kb, das Protein hat ein Molekulargewicht von 52 kDa (Abb. 5) (Samal et al., 1994). PBEF ist ein Wachstumsfaktor, welches hauptsächlich in Knochenmark, Leber und Muskel sezerniert wird (Jia et al., 2004). Fukuhara und Mitarbeiter (2005) fanden in verschiedenen Tiermodellen von Insulinresistenz und Fettleibigkeit heraus, dass Visfatin insulinähnliche Eigenschaften aufweist. Visfatin bindet an einen spezifischen Subtyp des Insulinrezeptors (IR) (Fukuhara et al., 2005), der nur eine sehr geringe Affinität für Insulin besitzt (Hug & Lodisch, 2005). Die Equilibrium-Dissoziationskonstante (K_d) von Visfatin zum IR (4,4 nM) ist ähnlich der von Insulin (6,1) (Fukuhara et al., 2005). Über diese Bindung werden insulinähnliche Signalkaskaden aktiviert, was insulinähnliche Effekte des Visfatins nahe legt, jedoch konnte die funktionelle Bedeutung dieses Hormons bis heute nicht geklärt werden. Einerseits können diese insulinähnlichen Effekte des Visfatins von physiologischer Relevanz sein; andererseits erscheint aufgrund der im Vergleich zu Insulin nur geringen Plasmakonzentrationen der Einfluss von Visfatin auf den Blutglukosespiegel eher gering zu sein (Fukuhara et al., 2005).

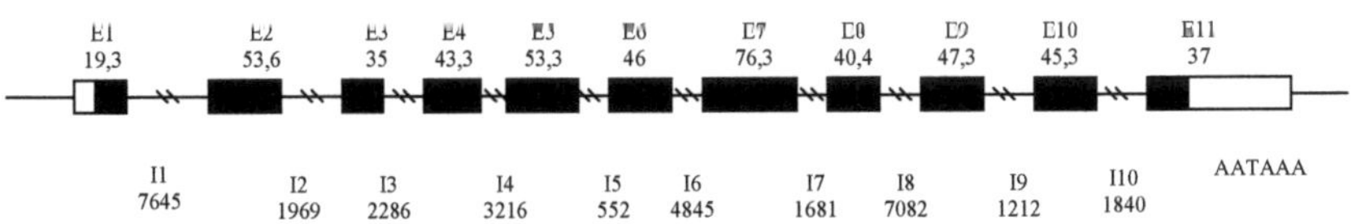

Abbildung 5: Intron-/Exonstruktur des humanen PBEF/Visfatin Gens. Die Position der Exons ist mit Rechtecken dargestellt: codierende Region schwarze Rechtecke; nichtcodierende Region leere Rechtecke; die Größe der Exons ist mit der Aminosäurezahl oberhalb der Rechtecke angegeben, die Größe der Introns ist als Basenpaaren unterhalb der Linien zwischen den Rechtecken dargestellt. E: Exon; I: Intron (modifiziert nach Ognjanovic et al., 2001).

1.2.4 Am Fettmetabolismus beteiligte G-Protein gekoppelte Rezeptoren (GPR 41, GPR 43, GPR 109A)

Im Zusammenhang mit dem oben dargestellten, potentiellen Einfluss der o. g. Adipokine auf den Fettstoffwechsel ist auch die Familie der in den Fettmetabolismus involvierten G-Protein gekoppelten Rezeptoren (GPRs) zu erwähnen (Abb. 6). Besonders wichtig sind in diesem Zusammenhang die fettsäurebindenden Membranproteine für kurzkettige Fettsäuren (SCFA) GPR 41 und GPR 43, sowie der Rezeptor für ß-Hydroxybutyrat (BHB) und Nikotinsäure GPR 109A, auch bekannt als HM74A oder PumaG.

G-Protein gekoppelte Rezeptoren haben eine besondere Bedeutung im Bereich der Zellfunktion. Bei ihnen handelt es sich um membranübergreifende Proteine mit sieben transmembranen Domänen, die auf verschiedenste Stimuli, wie beispielsweise Licht, Geschmack, Geruch oder auch Hormone, reagieren (Hendriks-Balk et al., 2008). Über die GPRs werden extrazellulare Signale über G-Proteine durch die Plasmamembran hindurch zu intrazellularen Effektoren vermittelt. G-Proteine sind heterotrimer und lassen sich in vier Familien (G_s, G_i, G_q, $G_{12/13}$) unterteilen (Hamm, 1998), die zu unterschiedlichen Signalkaskaden führen. Die Liganden für die verschiedenen GPRs sind äußerst vielfältig und spezifisch (Ge et al., 2008).

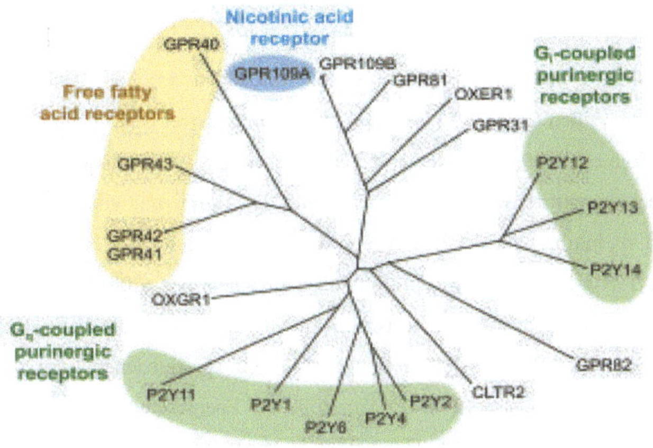

Abbildung 6: Einordnung der untersuchten G-Protein gekoppelten Rezeptoren (GPR) 41, 43, 109A und ihrer Beziehung zu weiteren in einem phylogenetischen Baum. Die Distanzen zwischen den Ästen bzw. deren Länge repräsentieren den Verwandschaftsgrad (Gille et al., 2008).

Zur GPR 40 Familie gehören Rezeptoren für kurz-, mittel- und langkettige Fettsäuren, die in verschiedenen metabolischen Prozesse beteiligt sind, so z. B. in die verschiedenen Wirkungen des Insulins, aber auch in Adipogenese und Lipolyse (Covington et al., 2006). Aus dieser Familie besonders hervorzuheben sind GPR 41 und GPR 43. Sowohl der GPR 41, als auch der GPR 43 werden, wie erwähnt, durch SCFA aktiviert, jedoch unterscheiden sie sich hinsichtlich der Spezifität der SCFA, der intrazellulären Signalkaskaden und ihrer Gewebelokalistion (Ge et al., 2008). Insbesondere beim Wiederkäuer spielen die SCFA eine bedeutende Rolle, da sie als Hauptenergielieferanten dienen (Bergman, 1990). Die Hauptliganden für den GPR 43 sind Acetat und Propionat, während der Hauptligand für GPR 41 Propionat ist. Allerdings aktivieren auch Acetat, Butyrat und Valerat den GPR 41 (Brown et al., 2003; Le Poul et al., 2003). In der Signalkaskade koppelt der GPR 41 nur an G_i, während GPR 43 sowohl an G_i und G_q koppeln kann (Brown et al., 2003; Le Poul et al., 2003; Nilsson et al., 2003). Die Kopplung an G_q resultiert in einer Erhöhung des intrazellulären Kalziumgehaltes (Brown et al., 2005). Die Kopplung an G_i führt über die Aktivierung von PLC-ß2 ebenfalls zu einer Erhöhung des intrazellulären Kalziums, aber auch zur Inhibierung von Adenylylcyclasen (Brown et al., 2005). Die mRNA des G-Protein gekoppelten Rezeptors 41 wird stark im Fettgewebe exprimiert, aber er ist auch in anderen Geweben, wie beispielsweise in Milz, Blutzellen, Pankreas oder Lunge, exprimiert (Brown et al., 2003; Le Poul et al., 2003).

Die höchste GPR 43 mRNA-Expression wurde bisher in Immunzellen, speziell in polymorphkernigen Zellen (PBMC = peripheral blood mononuclear cells) beobachtet (Brown et al., 2003; Le Poul et al., 2003; Nilsson et al., 2003), aber er wird auch in anderen Geweben, inklusive Adipozyten, exprimiert. Im Fettgewebe führt die Aktivierung von GPR 43 über die G_i-Leitungspfad zu Inhibierung der Lipolyse und zur Reduzierung des Niveaus der freien Fettsäuren (FFA) (Ge et al., 2008). In Immunzellen spielt der GPR 43 sowohl in der Immunantwort als auch in der inflammatorischen Antwort eine Rolle (Brown et al., 2003; Le Poul et al., 2003; Nilsson et al., 2003). Unabhängig von verschiedenen Expressionsorten beider GPRs wird beiden eine Rolle in der Kontrolle der Energiespeicherung zugesprochen (Covington et al., 2006; Ge et al., 2008; Hong et al., 2005; Wang et al., 2009).

Im Zusammenhang mit der Lipolyse ist auch der GPR 109A von Interesse. Bei diesem handelt es sich, wie schon erwähnt, u.a. um den Rezeptor von Nikotinsäure (Wise et al., 2003; Tunaru et al., 2003), die ihrerseits fettreduzierende Wirkungen aufweist, wobei diese fettreduzierende Wirkung allerdings erst in pharmakologischen Dosen erreicht wird. Als ein endogener Ligand für GPR 109A, der für uns von weit größerem Interesse ist, agiert BHB, das bei Rindern p.p. im Vergleich zu a.p. ansteigt (u. a. Doepel et al., 2002; Hachenberg et al., 2007) und lipolysehemmende Wirkungen im bovinen Fettgewebe besitzt (Metz et al., 1974). Ob dieser Rezeptor auch eine physiologische Rolle in den Immunzellen spielt, ist bisher unklar (Gille et al., 2008). Besonders während der Transitionsperiode kann dieser Rezeptor eine wichtige Rolle in der Rückkopplung von BHB und den nicht veresterten Fettsäuren (NEFA) einnehmen (Abb. 7).

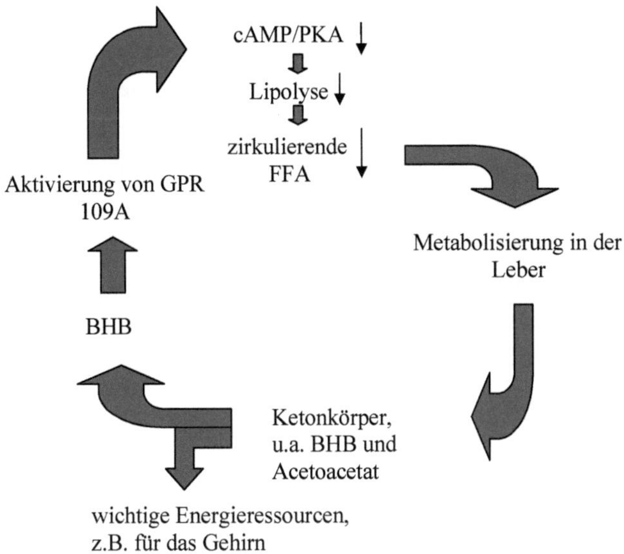

Abbildung 7: Darstellung der potentiellen negativen Rückkopplung von BHB über den G-Protein gekoppelten Rezeptor 109A. BHB: ß-Hydroxybutyrat; cAMP: cyklisches Adenosinmonophosphat; FFA: freie Fettsäuren; GPR: G-Protein gekoppelter Rezeptor; PKA: Proteinkinase A.

Bisher ist allerdings nur wenig über die in diesem Kapitel angesprochenen Rezeptoren und ihre genaue Wirkung bekannt. Die bisher bei Menschen und Nagern gefundenen Eigenschaften deuten jedoch auf wichtige Funktionen innerhalb des Organismus hin, welche auch für die Tierproduktion von großer praktischer Bedeutung sein können. Zwar spielt Übergewicht und dessen Einfluss auf die Entstehung von Diabetes mellitus Typ-2 und Arteriosklerose in der landwirtschaftlichen Tierhaltung keine Rolle, jedoch ergeben sich aus diesen Ansätzen Ideen für Anwendungen von durchaus enormer praktischer Art.

Besonders im Bereich der intensiven Milchwirtschaft bei Hochleistungsmilchkühen ist es von Interesse, frühzeitig unzureichende Adaptionen (vgl. Kap. 1.3) an die kommenden Stoffwechselveränderungen festzustellen. So könnten mangelhaft adaptierte Tiere rechtzeitig erkannt werden, und dementsprechend frühzeitig können vom Landwirt oder Tierarzt metaphylaktische Maßnahmen eingeleitet werden.

In Bezug auf die Schlachtkörperqualität, die die Grundlage für die Gestaltung des Fleischpreises darstellt, wäre ein Parameter, mit dem sich vor allem der v.c. Fettanteil schätzen ließe, eine Erleichterung zur Bestimmung des idealen Schlachtzeitpunktes.

Da sich jedoch die gewonnenen Erkenntnisse bezüglich der Expression, Sekretion und physiologischen Rolle der oben genannten Adipokine und Rezeptoren nicht ohne weiteres von Monogastriern auf Wiederkäuer übertragen lassen (Hishikawa et al., 2005), ist es nötig, diese auch beim Wiederkäuer zu erforschen. Dazu haben wir zwei Ansätze gewählt:

1. Vergleich der mRNA-Expression der beschriebenen Gene im subkutanen Fettgewebe von Hochleistungskühen während der Transitionsperiode mit zwei Probennahmen ante und post partum.
2. Vergleich der mRNA-Expression der beschriebenen Gene in fünf unterschiedlichen s.c. und v.c. Fettdepots beim Schaf

Ziel des ersten Ansatzes waren Grundlagenuntersuchungen, wie sich die metabolische und physiologische Umstellung während der Transitionsperiode auf die mRNA-Expression im s.c. Fettgewebe auswirkt.

Ziel des zweiten 2. Ansatzes war die Klärung, ob sich die verschiedenen Fettdepots bezüglich ihrer mRNA-Expression unterscheiden.

Kapitel 2

Manuskript 1 (published in: Domestic Animal Endocrinology 2009; 37: 37-44)

Transition period-related changes in the abundance of the mRNAs of adiponectin and its receptors, of visfatin, and of fatty acid binding receptors in adipose tissue of high-yielding dairy cows

Running title: adipokine mRNA expression in dairy cow adipose tissue

Anneka Lemor, Afshin Hosseini, Helga Sauerwein, Manfred Mielenz*

Institute for Animal Science, Physiology & Hygiene Unit, University of Bonn, Katzenburgweg 7 – 9, D-53115 Bonn, Germany

***Corresponding author at: Institute for Animal Science, Physiology & Hygiene Unit, University of Bonn, Katzenburgweg 7 – 9, D-53115 Bonn, Germany. Tel., +49 228 732462, fax +49 229 737938.**

E-mail address: mmielenz@uni-bonn.de

Abstract

Adipose tissue expresses adipokines, which are involved in regulation of energy expenditure, lipid metabolism, and insulin sensitivity. To adapt for the transition from pregnancy to lactation, particularly in high-yielding dairy cows, adipokines, their receptors, and particular G-protein coupled receptors (GPRs) are of potential importance. Signaling by GPR 41 stimulates leptin release via activation by short-chain fatty acids; GPR 43/ 109A inhibits lipolysis, and GPR 109A thereby mediates the lipid-lowering effects of nicotinic acid and ß-hydroxybutyrate. The aim of this study was to compare the mRNA expression of adiponectin and visfatin, adiponectin receptors 1 and 2 (AdipoR1/2), leptin receptor (obRb), insulin receptor as of the aforementioned GPRs during the transition period in high-yielding dairy cows. Biopsies from subcutaneous fat and blood samples were obtained from 10 dairy cows 1 week before and 3 weeks after calving. For AdipoR1 and AdipoR2 mRNA abundance as well as for leptin concentrations in plasma, a reduction ($P \leq .05$) was observed postpartum; for visfatin and putative GPR 109A mRNA abundance in adipose tissue, there was a trend ($P < .1$) for analogous changes. In contrast, the mRNA content of obRb and GPR 41 in adipose tissue was higher ($P \leq .05$) in samples from early lactation than in those from late gestation. Our results indicate decreasing adiponectin sensitivity in adipose tissue after calving, which might be involved in the reduced insulin sensitivity of adipose tissue during early lactation. In addition, visfatin, GPR 41 and GPR 109A may further modulate insulin sensitivity.

Key words: Dairy cow, Adipose tissue, Adipokines, Adiponectin, G-protein coupled receptors

1. Introduction

During the transition period, that is, the last 3 weeks before parturition and the first 3 weeks thereafter, extensive metabolic and endocrine changes occur in the dairy cow to accommodate parturition and lactogenesis [1]. Energy needs during early lactation cannot be met entirely through dietary intake, and therefore energy has to be mobilized from body reserves, mainly from fat. This process results in increased circulating concentrations of nonesterified fatty acids (NEFA) and formation of ketone bodies [2]. Besides its role as an energy store, adipose tissue (AT) is increasingly gaining interest as an active regulatory gland secreting multiple metabolically important proteins that are called adipokines [3-4].

Adipokines like adiponectin and visfatin play an important role in insulin sensitivity, glucose homeostasis, and lipid metabolism [5-9]. The role of both adipokines in these contexts is not entirely clear and, at least for visfatin, controversial [5,8,10,11]. To our knowledge, no information is available about the mRNA expression of adiponectin receptor 1 (AdipoR1) and adiponectin receptor 2 (AdipoR2) antepartum (a.p.) and postpartum (p.p.) in women or rodents, although hepatic AdipoR2 mRNA is reportedly increased p.p. in dairy cows [12]. Insulin resistance in muscle and AT develops during late pregnancy and is continues postpartum to support the partitioning of glucose towards the mammary glands [13,14].

In context with the increased NEFA concentrations towards early lactation, the family of fatty acid-binding membrane receptors, that is, G-protein coupled receptors (GPRs) [15], is of particular interest. G-protein coupled receptors 41 plays a role in monitoring energy storage [16], and it is directly involved in the stimulatory effects of short-chain fatty acids (SCFA) on leptin production [17]. G-protein coupled receptor 43 participates in different cell processes [18,19], but recent studies also report that GPR 43 is involved in monitoring energy storage and regulating plasma lipid profiles by reducing lipolysis [20,21].

One of the ketone bodies increasingly produced in dairy cows during negative energy balance is ß-hydroxybutyric acid (BHB). ß-Hydroxybutyric acid and NEFA exert inhibitory effects on leukocytes and may thus contribute to the immunocompromised situation in early lactation, leading to an increased susceptibility for infectious diseases [22,23]. Although the inhibiting action of BHB and of butyrate on lipolysis in bovine AT has been known for decades [24], it was only recently that BHB was identified to act as a ligand of GPR 109A (HM74A / PUMA-G) [25,26]. GPR 109A was already known to be a receptor for nicotinic acid, mediating its lipid-lowering effects [26,27]. All GPRs are expressed in AT and blood cells from monogastric species [15,27].

Currently only limited data are available about the regulation of adiponectin and visfatin during the transition period in ruminants. To our knowledge, regulation of the aforementioned GPRs during the transition period in cattle has not been characterized. Therefore, the objective of this study was to detect potential changes between a.p. and p.p. as a first step to evaluating the association between these adipokines and receptors and metabolic alterations during the transition period in high-yielding dairy cows.

2. Materials and methods

The messenger RNAs (mRNA) of adiponectin, AdipoR1, AdipoR2, leptin, long isoform of leptin receptor (obRb), insulin receptor, visfatin, GPR 41, GPR 43 and putative GPR 109A were quantified in subcutaneous (s.c.) AT. In addition, we measured the mRNA concentration of GPR 41, GPR 43 and putative GPR 109A mRNA in isolated leukocytes. Accompanying records of the circulating concentrations of leptin, NEFA, and BHB were included.

2.1 Animals and tissue collection

The experiment and treatment of the animals were approved by the competent authority (Regional Board, Cologne, 50.203.2-BN, 14/05). Subcutaneous fat was obtained twice from 10 Holstein-Frisian cows during the transition period at the research farm Frankenforst, University of Bonn, Germany. All cows were fed a mixed ration based on grass and corn silage ad libitum and concentrate according to the recommendations of the German Society of Nutrition Physiology [28]. The average milk yield from the preceding lactation was 10.720 kg of energy-corrected milk. Two biopsies were taken from each animal, the first between days 13 and 2 a.p. and the second between days 20 and 23 after calving. The samples were excised through a V-shaped incision 10 cm laterally from the medial line and 10 cm cranially from the base of the tail, after anesthesia with 2% procaine hydrochloride (Procasel® 2%, Selectavet, Dr. Otto Fischer, Weyarn-Holzolling, Germany). The tissue samples were cut into pieces in 0.9% NaCl and immediately snap-frozen in liquid nitrogen and stored at -80°C until analysis.

2.2 Blood samples

Before the biopsies, whole and EDTA blood samples (1.6 mg/ml EDTA) were taken by venipuncture and then transported in ice water for immediate processing. Plasma and serum were prepared by centrifugation (20 min, 1.200 x *g*, 4°C). ß-Hydroxybutyric acid was immediately measured in serum using a kit from Randox (kit-no. RB 1008, Randox Laboratories, Crumlin, County Antrim, Ireland). Plasma was stored at - 20°C and used for the analysis of leptin [29] and NEFA (enzymatic test kit, no. 1 383 175, Roche, Mannheim, Germany). The concentrations of leptin were measured by ELISA [29] using ovine recombinant leptin [30] as the standard. The intra- and interassay coefficients of variation were 6.3 % and 13.9 %, respectively, and the mean recovery was 101.4 %.

Leukocytes were isolated as previously described [31], with minor modifications, namely, EDTA blood (1.6 mg EDTA/mL) was used, lysis of erythrocytes was repeated 3 times, and total RNA was extracted immediately.

2.3 RNA extraction

Total RNA was extracted from isolated leukocytes using the NucleoSpin RNA II kit (Macherey-Nagel, Düren, Germany), according the manufacturer's instructions. Total RNA was extracted from the AT samples using the single-step method [32,33]. Total RNA purification was performed using spin columns including DNase I digestion (Nucleo Spin RNA II, Macherey & Nagel). Quantification of RNA was performed using the RiboGreen RNA Assay kit (Quant-iT RiboGreen, Invitrogen, Karlsruhe, Germany) in a Mx3000P (Strategene, Amsterdam, Netherlands). The integrity of the RNA was assessed using SYBR Green II (Invitrogen, Karlsruhe, Germany) denaturing RNA electrophoresis.

2.4 cDNA synthesis

The synthesis of cDNA was performed using 1 µg of total RNA with Revert Aid reverse transcriptase (RT) (Fermentas, St. Leon-Rot, Germany) and 200 pmol random hexamer primers (Sigma-Aldrich, Nümbrecht, Germany). No-RT controls were created by omitting reverse transcription. No-template-controls were created by adding of nuclease-free water.

2.5 Quantification of mRNA

The amount of the mRNA of the different candidate genes was quantified using real-time polymerase chain reaction (PCR) (cycler Mx 3000P^{TM} Stratagene). The features of the primers used for quantification are presented in Table 1.

Copy numbers for each transcript were calculated from standard curves, based on purified and sequenced amplicons. Melting curve analysis confirmed the presence of a single product for each real-time PCR assay.

The reaction was performed in a total volume of 10 µL compromised of 2 µL of template diluted 1:4 (exceptions: adiponectin, obRb, GPR 41, GPR 43, and GPR 109A were diluted 1:3), 1 µL of the assay specific primer mix, 5 µL of the SYBR Green JumpStart Taq Readymix (Sigma-Aldrich) and 2 µL water. The annealing temperature was 60°C; exceptions were putative GPR 109A and low density lipoprotein receptor-related protein 10 (LRP 10) at 61°C, glyceraldehyde-phosphate-dehydrogenase (GAPDH) at 59°C, and RNA polymerase II at 58°C. All samples were measured in triplicate. No-template-controls were performed using nuclease-free water. In addition, no-RT and no-template-controls from the cDNA synthesis were used to check for contamination.

The geometric mean of housekeeping gene abundance was used for normalization. Data were expressed as ratios of the genes of interest to the geometric mean of the corresponding internal controls. Low-density lipoprotein receptor-related protein 10 and RNA polymerase II were used as internal controls for the AT samples and LRP 10, and GAPDH was used for leukocytes.

2.6 Statistical Analyses

Analyses were performed with the statistical software package SPSS 15.0 (SPSS Inc., Chicago, IL, USA). Two samples per animal were compared using the paired Wilcoxon test. Statistical significance was set at $P \leq .05$, and significant correlation was assessed. A significance of $P \leq .10$ was considered a trend. Spearman correlations were calculated and were considered significant at $P \leq .01$.

3. Results

Due to technical reasons, the number of samples varied in some assays, as specified below.

3.1 mRNA data and leptin, NEFA and BHB concentrations in blood

Results of mRNA expression of the target genes and the internal controls a.p. and p.p. (mean ± standard error of the mean [SEM]) are shown in Table 2. For adiponectin mRNA (n = 9), time-related changes were not detectable in s.c. AT when comparing a.p. and p.p. samples. In contrast, for both adiponectin receptors AdipoR1 and AdipoR2, the p.p. mRNA concentration was significantly lower than a.p.

The decrease in leptin mRNA expression from pre- to postpartum sampling did not reach the level of significance. For the obRb mRNA, the p.p. values were higher than those taken a.p.

In the case of visfatin mRNA, there was a trend toward a decrease in the p.p. samples.

For insulin receptor mRNA, no time-related variation of mRNA concentration was observed.

The mRNA of GPR 41, GPR 43 (n = 9), and putative GPR 109A was measured both in AT and in isolated leukocytes. For GPR 41 mRNA in AT, higher values were recorded p.p. than a.p. Moreover, for putative GPR 109A in AT there was a trend toward decreased p.p. values, whereas no time-related differences were found for the other GPRs in s.c. AT as well as for all GPRs in isolated leukocytes.

Plasma leptin decreased p.p. (mean ± standard deviation [SD] [ng/mL]: a.p. 7.83 ± 2.84, p.p. 4.64 ± 2.24). For NEFA, an increase was found p.p. (mean ± SD [mM]: a.p. 0.09 ± 0.03, p.p. 0.23 ± 0.13), whereas no change was observed for BHB.

3.2 Correlations

AdipoR1 and AdipoR2 mRNA were positively correlated with each other (r = 0.82), with leptin mRNA expression (r = 0.65 and r = 0.63, respectively), and with leptin plasma concentrations (r = 0.57 and r = 0.58, respectively). Both receptors were negatively correlated with obRb mRNA expression (r = -0.66 and r = -0.61, respectively). In addition, leptin mRNA expression was negatively correlated with obRb mRNA expression (r = -0.82).

A positive correlation was observed between GPR 41 mRNA and obRb mRNA abundance (r = 0.71). Negative correlations were found between NEFA and visfatin mRNA (r = -0.57). Moreover, visfatin mRNA and BHB serum concentrations were negatively correlated (r = -0.66).

4. Discussion

4.1 Regulation of adiponectin and its receptors mRNA in adipose tissue

To our knowledge, this is the first report about the mRNA expression of adiponectin and its receptors in subcutaneous AT during the transition period in dairy cows. No alterations of adiponectin mRNA expression were observed during the transition period. In humans, several studies report adiponectin blood concentrations throughout pregnancy, but the results are conflicting. Both decreasing as well as unchanged adiponectin blood concentrations during pregnancy have been reported in women [34-38]. Less is known about circulating adiponectin concentrations after parturition; similar levels as in the third trimester [34] and decreased levels [39], respectively, were found. Limited data are available on adiponectin mRNA expression during pregnancy. Decreasing adiponectin mRNA expression has been observed in late pregnancy compared with prepregnancy or early pregnancy [36]. Similarly, controversial results have been reported on adiponectin during pregnancy in rodents. In mice, adiponectin serum levels as well as adiponectin mRNA expression in AT decrease in late pregnancy compared with control virgin mice [40], whereas no significant differences have been reported in rats [41]. Thus, controversy exists about adiponectin concentrations during a.p. and p.p. in different monogastric species; in previous studies the intervals of observation vary, and only 1 group discussed relevant differences [39].

For dairy cows, there are some preliminary data indicating that circulating adiponectin concentrations may increase from the first to the fourth week after calving [42], but the validity of the human assay system applied remains to be substantiated. However, our data comprised only 1 fixed time point before and 1 time point after calving without any differences at the level of adiponectin mRNA expression. The information on adiponectin mRNA does not necessarily reflect the circulating adiponectin concentrations [43,44] and thus our results on adiponectin mRNA expression may not apply for the concentrations in blood during the transition period.

Adiponectin receptors are related to the improvement of insulin sensitivity [6,7]. Due to our observation of decreased AdipoR1 and AdipoR2 mRNA abundance in p.p. compared to a.p. samples, reduced adiponectin sensitivity may be expected in s.c. AT. This finding could be linked to the reduced insulin sensitivity p.p. in dairy cattle. In the liver, for which reduced insulin sensitivity is indicated by decreased hepatic gluconeogenesis during the transition period in ruminants [45], AdipoR2 mRNA content was increased p.p. if cows were fed restrictively before calving, but not if they had *ad libitum* access to feed prior to calving [12]. These results together with our results from subcutaneous AT point to a differential regulation between the liver and s.c. AT during the transition period. This finding could be related to reduced insulin sensitivity at the level of the AT, leading to reduced glucose uptake and increased lipolysis p.p. In our study of AT, both adiponectin receptors were positively correlated with each other, whereas no such relationship is reported for the liver [12]. To our knowledge, AdipoR1/2 mRNA expression in fat has not been compared before and after delivery in humans.

Leptin and its mRNA were positively correlated to AdipoR1/2 mRNA content, but only leptin mRNA was negatively correlated to obRb. Expression of obRb mRNA in s.c. AT of dairy cows increased p.p., confirming other results in cows, which indicate that hypoinsulinemia may be partly responsible for the induction of obRb in AT [46]. Expression of obRb mRNA was negatively correlated with the amount of both adiponectin receptor mRNAs and positively correlated with GPR 41 mRNA abundance. Thus both the adiponectin system and signaling by GPR 41 might be involved in the regulation of obRb mRNA abundance, in addition to insulin, as discussed by Thorn et al. [46]. The observed decrease in plasma leptin might have been compensated by an increase of the obRb level in AT.

4.2 G-protein coupled receptors 41, 43 and 109A

To our knowledge, this is the first report about the mRNA expression of GPR 41, GPR 43 and putative GPR 109A in AT during the transition period in dairy cows. For GPR 41 mRNA, the increased levels we observed during early lactation compared to late gestation might have been expected, since GPR 41 is involved in monitoring energy storage [16] and related to leptin synthesis [17]. Increasing GPR 41 mRNA expression in AT p.p. might be an option to respond in the long term to the negative energy balance when insulin and leptin levels are low [47,48]. In the short term, energy supply by propionate infusion increases GPR 41 mRNA in s.c., but not in perirenal AT, of castrated male goats [49]. These divergent results might also be attributable to the physiological situation, in particular the energetic conditions, and the species. G-protein coupled receptor 43 is involved in the reduction of lipolysis in 3T3-L1 cells *in vitro* and in the disease pattern of the metabolic syndrome [20,21]. Interestingly, in contrast to GPR 41 mRNA, GPR 43 mRNA showed no alteration during our study.
The concentrations of BHB in plasma were < 1.2 mmol/L (median: 0.485 mmol/L) in our study and can be judged as normal values well below the thresholds defined for ketonemic conditions [50]. In contrast to other studies [51,52], in this study we found no significant increase of BHB concentrations during the transition period, a finding that might be explained by the variance of the sampling time before calving. ß-Hydroxybutyric acid is the endogenous ligand for GPR 109A [25] that mediates the lipid-lowering effects of nicotinic acid in humans and rodents and possibly also in cattle [26,27,53]. Nicotinic acid stimulates circulating adiponectin in humans [54,55]. According to published results [56], we expected a decrease of GPR 109A in p.p. samples, since increasing BHB concentrations would imply an important feedback mechanism to regulate lipolysis. Indeed, we observed a trend for a decrease. The impact of GPR 109A on lipolysis seems to be of relevance during transition in AT.
No differences of the mRNA contents of GPR 41, GPR 43, and putative GPR 109A in leukocytes were found between the 2 sampling. Accordingly, the negative energy balance p.p. might not be relevant for the mRNA expression of these GPRs in immune cells, but potentially, existing changes might have been leveled off through the use of total leukocytes or the small number of animals used.

4.3 Visfatin

As previously described, visfatin is involved in glucose homeostasis and mimics some insulin effects [8,10,11]. Insulin decreases visfatin mRNA expression in 3T3-L1 adipocytes [57]. Visfatin mRNA expression in s.c. AT and plasma visfatin in humans are reportedly inversely related [10]. Based on this information, our observation of a trend for decreasing visfatin mRNA abundance in p.p. samples might rather indicate increasing visfatin plasma concentrations after calving. Increasing visfatin plasma concentrations can concur with decreasing insulin secretion p.p. [47] in the presence of equal concentrations of insulin receptor mRNA in AT, as anticipated [58] and as observed in this study. In addition, the negative correlations we found between visfatin mRNA expression in s.c. AT and NEFA and BHB concentrations, respectively, also support this assumption. Besides the low plasma concentration of visfatin compared to insulin [59], the importance on insulin-mediated effects is expected to be small. Based on our results, we consider that visfatin might mitigate the reduced insulin sensitivity in s.c. AT of dairy cows.

In summary, we showed that GPR 41, GPR 43, and putative GPR 109A mRNA is expressed in bovine s.c. AT and leukocytes. During the transition period, we observed regulation of GPR 41 and putative GPR 109A mRNA in AT, but the role of all of these 3 receptors in ruminants remains to be clarified. We speculate that adiponectin sensitivity decreases after parturition in dairy cows, mediated by reduced adiponectin receptor mRNA abundance, which might be related to the insulin sensitivity during transition period. Further, our results might indicate that the role of visfatin in adopting insulin signaling and glucose uptake could be more important than discussed so far. In further studies, adiponectin and visfatin protein concentrations should be measured in blood during the transition period in dairy cows to investigate the adiponectin and the visfatin system.

Acknowledgments

The donation of scholarships by the H. Wilhelm-Schaumann Foundation, Hamburg, Germany to A. Lemor and A. Hosseini is gratefully acknowledged. We also thank Dr. Michael Hölker, Institute of Animal Science; Animal Breeding and Husbandry Unit, University of Bonn, Germany; Dr. Christiane Theune for performing the biopsies; and Inga Hofs, Isabella Israel, and Birgit Mielenz for their excellent technical assistance.

Table 1
Characteristics of primers used.

Gene	NIH GenBank accession No.	Product length (bp)	Primer sequence 5'-3'
Adiponectin	NM_174742	204	F = CTGGAGAGAAGGGAGAGAAAG R = TGGGTACATTGGGAACAGTG
Adiponectin receptor 1	XM_593692	118	F = GGCTCTACTACTCCTTCTAC R = ACACCCCTGCTCTTGTCTG
Adiponectin receptor 2	XM_580459	200	F = GGCAACATCTGGACACATC R = CTGGAGACCCCTTCTGAG
Leptin	U62123	183	F = GACATCTCACACACGCAG R = GAGGTTCTCCAGGTCATT
obRb	AB199589	164	F = ACCACACCTTCCGTTCTCAG R = GGGACAACACTCTTGACTC
Insulin receptor	AY574999	82	F = GGAGTCGCTGGTCATCTC R = CTCGGGGGAATCTTGGTTG
Visfatin	NM_182790	120	F = CAGGCACCACTAATAATCAGAC R = CAGCAACTTGTAACCCTTTGAG
GPR 41	XM_605910	215	F = ACCTGATGGCCCTGGTG R = GGACGTGAGATAGATGGTGG
GPR 43	XM_600712	237	F = ATGGGTTTCGGCTTCTACG R = GGTGGTCTCATTCTCCTTTG
GPR 109A	XR_028237	140	F = GGACAGCGGGCATCATCTC R = CCAGCGGAAGGCATCACAG
LPR 10	BC149232	139	F = CCAGAGGATGAGGACGATGT R = ATAGGGTTGCTGTCCCTGTG
GAPDH	U85042	204	F = AATGGAAAGGCCATCACCATC R = GTGGTTCACGCCCATCACA
RNA polymerase II	X63564	86	F = GAAGGGGGAGAGACAAACTG R = GGGAGGAAGAAGAAAAAGGG

Abbreviations: bp, base pairs; F, primer forward sequence; GAPDH, glyceraldehyde-phosphate-dehydrogenase; GPR, G-protein coupled receptor; LRP 10, lipoprotein receptor-related protein 10; NIH, National Institutes of Health; obRb, leptin receptor; R,primer reverse sequence.

Table 2
Relative amounts of the mRNAs for the target genes and the internal controls (mean ± SEM) in AT and leukocytes, analyzed by real-time PCR antepartum and postpartum.

Variable	Sample	Mean ± SEM		P Value
		a.p. Mean -7,5 d a.p. range (-13 d) – (-2 d)	p.p Mean +21.5 d p.p. range (+20 d) – (+23 d).	
Adiponectin mRNA	AT	0.024 ± 0.008	0.024 ± 0.008	n.s.
Adiponectin receptor 1 mRNA	AT	45.0 ± 14.20	26.3 ± 8.32	$p \leq 0.05$
Adiponectin receptor 2 mRNA	AT	176.0 ± 55.6	96.1 ± 30.4	$p \leq 0.05$
Leptin mRNA	AT	40.1 ± 12.70	16.4 ± 5.18	n.s.
obRb mRNA	AT	0.175 ± 0.055	0.445 ± 0.141	$p \leq 0.05$
Insulin receptor mRNA	AT	10.9 ± 3.44	10.4 ± 3.28	n.s.
Visfatin mRNA	AT	0.560 ± 0.177	0.366 ± 0.116	$p = 0.074$
GPR 41 mRNA	AT	0.225 ±0.071	0.385 ± 0.122	$p \leq 0.05$
GPR 43 mRNA	AT	0.188 ± 0.063	0.136 ± 0.045	n.s.
GPR 109A mRNA	AT	28.4 ± 8.970	15.9 ± 5.020	$p = 0.093$
GPR 41 mRNA	leukocytes	0.517 ± 0.196	0.433 ± 0.164	n.s.
GPR 43 mRNA	leukocytes	1.170 ± 0.441	1.440 ± 0.544	n.s.
GPR 109A mRNA	leukocytes	10.40 ± 3.920	8.67 ± 3.290	n.s.
LRP 10 mRNA	AT	2,190,000 ± 693,000	3,220,000 ± 1,020,000	n.s.
LRP 10 mRNA	leukocytes	3,760,000 ± 1,420,000	4,610,000 ± 1,740,000	n.s.
GAPDH mRNA	leukocytes	1,770,000 ± 671,000	1,730,000 ± 653,000	n.s.
RNA Polymerase II	AT	651,000 ± 206,000	506,000 ± 160,000	n.s.

Abbrevations: a.p., antepartum; AT, adipose tissue; GAPDH, glyceraldehydes-phosphate-dehydrogenase; GPR, G-protein coupled receptor; mRNA, messenger RNA; n.s., not significant; obRB, leptin receptor; PCR, polymerase chain reaction; p.p., postpartum; SEM, standard error of the mean.

References

[1] Grummer RR. Impact of changes in organic nutrient metabolism on feeding the transition dairy cow. J Anim Sci 1995;73:2820-33.

[2] Goff JP, Horst RL. Physiological changes at parturition and their relationship to metabolic disorders. J Dairy Sci 1997;80:1260-8.

[3] Bastard JP, Maachi M, Lagathu C, Kim MJ, Caron M, Vidal H, Capeau J, Feve B. Recent advances in the relationship between obesity, inflammation, and insulin resistance. Eur Cytokine Netw 2006;17:4-12.

[4] Trayhurn P, Wood IS. Adipokines: inflammation and the pleiotropic role of white adipose tissue. Br J Nutr 2004;92:347-55.

[5] Guerre-Millo M. Adiponectin: an update. Diabetes Metab 2008; 34:12-8.

[6] Minokoshi Y, Kim YB, Peroni OD, Fryer LGD, Müller C, Carling D, Kahn BB. Leptin stimulates fatty-acid oxidation by activating AMP-activated protein kinase. Nature 2002;415:339-43.

[7] Yamauchi T, Kamon J, Minokoshi Y, Ito Y, Waki H, Uchida S, Yamashita S, Noda M, Kita S, Ueki K, Eto K, Akanuma Y, Froguel P, Foufelle F, Ferre P, Carling D, Kimura S, Nagai R, Kahn BB, Kadowaki T. Adiponectin stimulates glucose utilization and fatty-acid oxidation by activating AMP-activated protein kinase. Nat Med 2002;8:1288-95.

[8] Fukuhara A, Matsuda M, Nishizawa M, Segawa K, Tanaka M, Kishimoto K, Matsuki Y, Murakami M, Ichisaka T, Murakami H, Watanabe E, Takagi T, Akiyoshi M, Ohtsubo T, Kihara S, Yamashita S, Makishima M, Funahashi T, Yamanaka S, Hiramatsu R, Matsuzawa Y, Shimornura I. Visfatin: a protein secreted by visceral fat that mimics the effect of insulin. Science 2005;307:426-30.

[9] Moschen AR, Kaser A, Enrich B, Mosheimer B, Theurl M, Niederegger H, Tilg H. Visfatin, an adipocytokine with proinflammatory and immunomodulating properties. J Immunol 2007;178:1748-58.

[10] Berndt J, Klöting N, Kralisch S, Kovacs P, Fasshauer M, Schön MR, Stumvoll M, Blüher M. Plasma visfatin concentrations and fat depot-specific mRNA expression in humans. Diabetes 2005;54:2911-6.

[11] Varma V, Yao-Borengasser A, Rasouli N, Bodles AM, Phanavanh B, Lee MJ, Starks T, Kern LM, Spencer III HJ, McGehee Jr. RE, Fried SK, Kern PA. Human visfatin

expression: relationship to insulin sensitivity, intramyocellular lipids, and inflammation. J Clin Endocrinol Metab 2007;92:666-72.

[12] Loor JJ, Dann HM, Janovick Guretzky NA, Everts RE, Oliveira R, Green CA, Litherlands NB, Rodriguez-Zas SL, Lewin HA, Drackley JK. Plane of nutrition prepartum alters hepatic gene expression and function in dairy cows as assessed by longitudinal transcript and metabolic profiling. Physiol Genomics 2006,27: 29-41.

[13] Bell AW. Regulation of organic nutrient metabolism during transition from late pregnancy to early lactation. J Anim Sci 1995;73:2804-19.

[14] Boisclair YR, Wesolowski SR, Kim JW, Ehrhardt RA. Roles of growth hormone and leptin in the periparturient dairy cow. In: Ruminant Physiology: Digestion, metabolism, and impact of nutrition on gene expression, immunology, and stress, Sejrsen K, Hvelplund T, Nielsen MO (Eds), Wageningen Academic Publishers, 2006, pp. 327-46.

[15] Brown AJ, Jupe S, Briscoe CP. A family of fatty acids binding receptors. DNA Cell Biol 2005;24:54-61.

[16] Covington DK, Briscoe CA, Brown AJ, Jayawickreme CK. The G-protein-coupled receptor 40 family (GPR40-GPR43) and its role in nutrient sensing. Biochem Soc Trans 2006;34:770-3.

[17] Xiong Y, Miyamoto N, Shibata K, Valasek MA, Motoike T, Kedzierski RM, Yanagisawa M. Short-chain fatty acids stimulate leptin production in adipocytes through the G protein-coupled receptor GPR41. Proc Natl Acad Sci USA 2004;101:1045-50.

[18] Brown AJ, Goldsworthy SM, Barnes AA, Eilert MM, Tcheang L, Daniels D, Miur AI, Wigglesworth MJ, Kinghorn I, Fraser NJ, Pike NB, Strum JC, Steplewski KM, Murdock PR, Holder JC, Marshall FH, Szekeres PG, Wilson S, Ignar DM, Foord SM, Wise A, Dowell SJ. The orphan G protein-coupled receptors GPR41 and GPR43 are activated by propionate and other short chain carboxylic acids. J Biol Chem 2003;278:11312-9.

[19] Le Poul E, Loison C, Struyf S, Springael JY, Lannoy V, Decobecq ME, Brezillon S, Dupriez V, Vassart G, Van Damme J, Parmentier M, Detheux M. Functional characterization of human receptors for short chain fatty acids and their role in polymorphonuclear cell activation. J Biol Chem 2003;278:25481-9.

[20] Ge H, Li X, Weiszmann J, Wang P, Baribault H, Chen JL, Tian H, Li Y. Activation of G protein-coupled receptor 43 in adipocytes leads to inhibition of lipolysis and suppression of plasma free fatty acids. Endocrinology 2008;149:4519-26.

[21] Hong YH, Nishimura Y, Hishikawa D, Tsuzuki H, Miyahara H, Gotoh C, Choi KC, Feng DD, Chen C, Lee HG, Katoh K, Roh SG, Sasaki S. Acetate and propionate short chain fatty acids stimulate adipogenesis via GPCR43. Endocrinology 2005;146:5092-9.

[22] Lacetera N, Franci O, Scalia D, Bernabucci U, Ronchi B, Nardone A. Effects of nonesterified fatty acids and beta-hydroxybutyrate on functions of mononuclear cells obtained from ewes. Am J Vet Res, 2002;63:414-8.

[23] Lacetera N, Scalia D, Franci O, Bernabucci U, Ronchi B, Nardone A. Short communication: Effects of nonesterified fatty acids on lymphocyte function in dairy heifers. J Dairy Sci, 2004;87:1012-4.

[24] Metz HM, Lopes-Cardozo M, Van Den Bergh G. Inhibition of lipolysis in bovine adipose tissue by butyrate and ß-hydroxybutyrate. FEBS Lett 1974;47:19-22.

[25] Taggart AKP, Kero J, Gan X, Cai TQ, Cheng K, Ippolito M, Ren N, Kaplan R, Wu K, Wu TJ, Jin L, Liaw C, Chen R, Richman J, Connolly D, Offermanns S, Wright SD, Waters MG. (D)-ß-hydroxybutyrate inhibits adipocyte lipolysis via the nicotinic acid receptor PUMA-G. J Biol Chem 2005;280:26649-52.

[26] Wise A, Foord SM, Fraser NJ, Barnes AA, Elshourbagy N, Eilert M, Ignar DM, Murdock PR, Steplewski K, Green A, Brown AJ, Dowell SJ, Szekeres PG, Hassall DG, Marshall FH, Wilson S, Pike NB. Molecular identification of high and low affinity receptors for nicotinic acid. J Biol Chem 2003;278:9869-74.

[27] Tunaru S, Kero J, Schaub A, Wufka C, Blaukat A, Pfeffer K, Offermanns S. PUMA-G and HM74 are receptors for nicotinic acid and mediate its anti-lipolytic effect. Nat Med 2003;9:352-5.

[28] GfE (Gesellschaft für Ernährungsphysiologie). Empfehlungen zur Energie- und Nährstoffversorgung der Milchkühe und Aufzuchtsrinder. In: Energie- und Nährstoffbedarf landwirtschaftlicher Nutztiere Nr. 8, DLG Verlag 2001;46.

[29] Sauerwein H, Heintges U, Hennies M, Selhorst T, Daxenberger A. Growth hormone induced alterations of leptin serum concentrations in dairy cows as measured by a novel enzyme immunoassay. Livest Prod Sci 2004;87:189-95.

[30] Gertler A, Simmons J, Keisler DH. Large-scale preparation of biologically active recombinant ovine obese protein (leptin). FEBS Lett 1998;422:137-40.

[31] Thielen MA, Mielenz M, Hiss S, Sauerwein H. Qualitative detection of haptoglobin mRNA in bovine and human blood leukocytes and bovine milk somatic cells. Vet Med Czech 2005;12:515-20.

[32] Chomczynski P, Sacchi N. Single-step method of RNA isolation by acid guanidinium thiocyanate-phenol-chloroform extraction. Anal Biochem 1987;162:156-9.

[33] Chomczynski P, Mackey K. Substitution of chloroform by bromo-chloropropane in the single-step method of RNA isolation. Anal Biochem 1995;225:163-4.

[34] Fuglsang J, Skjærbæk C, Frystyk J, Flyvbjerg A, Ovesen P. A longitudinal study of serum adiponectin during normal pregnancy. BJOG 2006;113:110-3.

[35] Mazaki-Tovi S, Kanety H, Pariente C, Hemi R, Wiser A, Schiff E, Sivan E. Maternal serum adiponectin levels during human pregnancy. J Perinatol 2007;27:77-81.

[36] Catalano PM, Hoegh M, Minium J, Huston-Presley L, Bernard S, Kalhan S, Hauguel-De Mouzon S. Adiponectin in human pregnancy: implications for regulation of glucose and lipid metabolism. Diabetologia 2006;49:1677-85.

[37] Cseh K, Baranyi E, Melczer Z. Plasma adiponectin and pregnancy-induced insulin resistance. Diabetes Care 2004;27:274-5.

[38] Nien JK, Mazaki-Tovi S, Romero R, Erez O, Kusanovic JP, Gotsch F, Pineles BL, Gomez R, Edwin S, Mazor M, Espinoza J, Yoon BH, Hassan SS. Plasma adiponectin concentrations in non-pregnant, normal and overweight pregnant women. J Perinat Med 2007;35:522-31.

[39] Kajantie E, Kaaja R, Ylikorkala O, Andersson S, Laivuori H. Adiponectin concentrations in maternal serum: elevated in preeclampsia but unrelated to insulin sensitivity. J Soc Gynecol Investig 2005;12:433-9.

[40] Kondo E, Sugiyama T, Kusaka H, Toyoda N. Adiponectin mRNA levels in parametrial adipose tissue and serum adiponectin levels are reduced in mice during late pregnancy. Horm Metab Res 2004;36:465-9.

[41] Caja S, Torrente M, Martínez I, Abelenda M, Puerta M. Adiponectin values are unchanged during pregnancy in rats. J Endocrinol Invest 2005;28:609-15.

[42] Raddatz R, Elias AN, Whisnant CS. Measurement of adiponectin in lactating dairy cow: J Anim Sci Vol 86, E-Suppl 2/J Dairy Sci Vol 91(E-Suppl 1).

[43] Bryzgalova G, Lundholm L, Portwood N, Gustafsson JA, Khan A, Efendic S, Dahlman-Wright K. Mechanisms of antidiabetogenic and body weight-lowering effects of estrogen in high fat diet-fed mice. Am J Physiol Endocrinol Metab 2008;295:E904-E912.

[44] Combs TP, Berg AH, Rajala MW, Klebanov S, Iyengar P, Jimenez-Chillaron JC, Patti ME, Klein SL, Weinstein RS, Scherer PE. Sexual differentiation, pregnancy, calorie restriction, and aging affect the adipocyte-specific secretory protein adiponectin. Diabetes 2003;52:268-76.

[45] Herdt TH. Ruminant adaptation to negative energy balance. Vet Clin North Am Food Anim Pract, 2000;16:215-30.

[46] Thorn SR, Ehrhardt RA, Butler WR, Quirk SM, Boisclair YR. Insulin regulates hepatic leptin receptor expression in early lactating dairy cows. Am J Physiol Regul Integr Comp Physiol 2008;295:R1455-62.

[47] Accorsi PA, Govoni N, Gaiani R, Pezzi C, Seren E, Tamanini C. Leptin, GH, PRL, insulin and metabolic parameters throughout the dry period and lactation in dairy cows. Reprod Domest Anim 2005;40:217-23.

[48] Block SS, Butler WR, Ehrhardt RA, Bell AW, Van Amburgh ME, Boiscair YR. Decreased concentration of plasma leptin in periparturient dairy cows is caused by negative energy balance. J Endocrinol 2001;171:339-48.

[49] Mielenz M, Seybold C, Sauerwein H. Effects of short-term infusion with propionate on the mRNA expression of a putative G-protein coupled receptor 41 (GPR41) in adipose tissue of goats. Livestock Science 2008;116:328-31.

[50] Enjalbert F, Nicot MC, Bayourthe C, Moncoulon R. Ketone bodies in milk and blood of dairy cows: relationship between concentrations and utilization for detection of subclinical ketosis. J Dairy Sci, 2001;84:583-9.

[51] Doepel L, Lapierre H, Kennelly JJ. Peripartum performance and metabolism of dairy cows in response to prepartum energy and protein intake. J Dairy Sci 2002;85:2315-34.

[52] Hachenberg S, Weinkauf C, Hiss S, Sauerwein H. Evaluation of classification modes potentially suitable to identify metabolic stress in healthy dairy cows during the peripartal period. J Anim Sci 2007;85:1923-32.

[53] Pires JAA, Grummer RR. The use of nicotinic acid to induce sustained low plasma nonesterified fatty acids in feed-restricted holstein cows. J Dairy Sci, 2007;90:3725-32.

[54] Plaisance EP, Grandjean PW, Brunson BL, Judd RL. Increased total and high-molecular weight adiponectin after extended-release niacin. Metabolism 2008;57:404-9.

[55] Westphal S, Borucki K, Taneva E, Makarova R, Luley C. Extended-release niacin raises adiponectin and leptin. Atherosclerosis 2007;193:361-5.

[56] Gille A, Bodor ET, Ahmed K, Offermanns S. Nicotinic acid: pharmacological effects and mechanisms of action. Annu Rev Pharmacol Toxicol 2008;48:4.1-4.28.

[57] MacLaren R, Cui W, Cianflone K. Visfatin expression is hormonally regulated by metabolic and sex hormones in 3T3-L1 pre-adipocytes and adipocytes. Diabetes Obes Metab 2007;9:490-7.

[58] Vernon RG, Taylor E. Insulin, dexamethasone and their interactions in the control of glucose metabolism in adipose tissue from lactating and nonlactating sheep. Biochem J 1988;256:509-14.

[59] Antuna-Puente B, Feve B, Fellahi S, Bastard JP. Adipokines: the missing link between insulin resistance and obesity. Diabetes Metab, 2008;34:2-11.

Kapitel 3

Manuskript 2 (accepted in: Journal of Animal Physiology and Animal Nutrition)

mRNA abundance of adiponectin and its receptors, leptin and visfatin and of G-protein coupled receptor 41 in five different fat depots from sheep

Running head: Adipokines mRNA expression in ovine fat depots

A. Lemor*, M. Mielenz*, M. Altmann[†], E. von Borell[†], and H. Sauerwein*

*Institute for Animal Science, Physiology & Hygiene Unit, University of Bonn, Katzenburgweg 7 – 9, D-53115 Bonn, Germany

[†]Institute of Agricultural and Nutritional Sciences, Martin-Luther-University Halle-Wittenberg, Halle

Corresponding author: M. Mielenz, Tel.: + 49 228 732462; Fax: + 49 228 737938;

E-mail: mmielenz@uni-bonn.de

ABSTRACT

Adipose tissue (AT) expresses adipokines which are involved in the regulation of energy expenditure, lipid metabolism, and insulin sensitivity. Visceral (v.c.) and subcutaneous (s.c.) depots largely differ concerning their metabolic characteristics as to the control of lipolysis and the sensitivity to insulin. The adipokines adiponectin, leptin and visfatin influence lipolysis and insulin sensitivity. Signaling by G-protein coupled receptor 41 (GPR 41) stimulates leptin release via activation by short-chain fatty acids. We hypothesized that the metabolic differences between v.c. and s.c. fat depots may also apply to the expression of adiponectin, its receptors, leptin, visfatin, insulin receptor, and GPR 41. Therefore, we aimed to compare the mRNA expression of adiponectin, leptin, and visfatin, of the adiponectin receptors 1 and 2 (AdipoR1/2) and insulin receptor (IR) as well of GPR 41 between several s.c. and v.c. fat depots in sheep. Samples from 10 rams were collected at slaughter (40 kg BW) from 3 s.c. depots, i.e. close to sternum (s.c.S), close to withers (s.c.W), and at the base of tail (s.c.T), and from 2 v.c. depots, i.e. from perirenal (v.c.P) and omental (v.c.O) fat. The mRNAs of both adiponectin receptors, as well as IR and putative GPR 41, were higher expressed in v.c. fat than in s.c. fat ($P \leq 0.05$). Leptin mRNA abundance was greater in s.c. than in v.c. fat (mean $\pm$ SEM: s.c.: 2.55 ± 0.81; v.c.: 0.66 ± 0.21) and also differed between the 5 separately measured fat depots. Our results show differences in mRNA abundance for leptin, AdipoR1 and R2, as well as for IR, and GPR 41 in s.c. compared with v.c. fat; thus confirming the need of individual consideration of distinct fat depots, when aiming to characterize adipose functions in ruminants.

Key words: adipokines, adiponectin system, adipose tissue, G-protein coupled receptor 41, leptin, visfatin

INTRODUCTION

Adipose tissue (AT) plays a central role in nutrient sensing and energy homeostasis; it stores surplus energy and secretes hormones and cytokines summarized as "adipokines" (Trayhurn and Wood, 2004; Bastard et al., 2006). These adipokines regulate energy expenditure, lipid metabolism, and insulin sensitivity (Chilliard et al., 2005; Guerre-Milo, 2008). Nutrients like fatty acids are functional signaling molecules in pathways that are interconnected, coupled to insulin signaling, and linked to the release of adipokines from AT (Marshall, 2006). Most of our present knowledge about these metabolic networks originates from studies in rodents and humans but the topic is of increasing interest in animal science. Fat deposition is a key player in nutrient partitioning and thus is of central importance for meat and milk production. Indeed, the appraisal of body fat content in living farm animals is largely based on evaluation of subcutaneous (s.c.) depots via body condition scores or ultrasound measurements. In addition, studies addressing the endocrine function of AT are mostly focused on s.c. fat. The correlation of s.c. estimates with entire body fat content might be reasonable, but concerning AT´s regulatory role, there is mounting evidence that AT may not be considered as simply one endocrine organ but rather as a group of similar endocrine organs showing depot specific endocrine functions (Kershaw and Flier, 2004). To compare the expression of regulatory important genes in different s.c. and visceral (v.c.) depots, we herein quantified the mRNAs of leptin, adiponectin and visfatin, of adiponectin receptor 1/2 (AdipoR1, AdipoR2), insulin receptor (IR) and putative G-protein coupled receptor 41 (GPR 41) in 5 different fat depots from sheep. GPR 41 is involved in monitoring energy storage and mainly activated by propionate (Le Poul et al., 2003). The factors addressed herein might be candidate links between fat accumulation and insulin sensitivity.

MATERIALS and METHODS

Ten rams (crossbreds of Blackheaded Mutton x East Frisian Milk sheep), which were part of the study from Altmann et al. (2006), were used in this study. They were born in late winter and naturally reared by their dams. Afterwards, they were kept in groups in deep litter pens, and offered concentrate (10.2 MJ NE/kg) and hay *ad libitum*. At a final body weight of 40 kg (mean ± SD: 40.4 ± 0.95 kg), the animals were slaughtered after 24 h of food deprivation.

Five different depots of v.c. and s.c. fat were sampled. Visceral fat was taken from perirenal (v.c.P) and omental (v.c.O) depots; s.c. fat was taken from depots close to sternum (s.c.S) and withers (s.c.W) and from the base of the tail (s.c.T). Tissue samples were immediately snap-frozen and stored at -80°C until RNA extraction and analysis.

Total RNA was extracted from the AT samples using the single-step method (Chomczynski and Mackey, 1995) and was then purified using spin columns including DNase I digestion (Nucleo Spin RNA II, Macherey & Nagel, Düren, Germany). RNA was quantified using RiboGreen® RNA Assay kit (Quant-iT™ RiboGreen®, Invitrogen, Karlsruhe, Germany) in a Mx3000P (Stratagene, Amsterdam, The Netherlands). The integrity of the RNA was assessed using SYBR Green II (Invitrogen) denaturing RNA electrophoresis by analysis of the ratio between 28 S rRNA and 18 S rRNA. SybrGreen II dye was used because of its higher sensitivity in comparison with ethidium bromide which was necessary especially for v.c. depots. Only total RNA was used for analysis which showed a sufficient quality, eventually the RNA extraction was repeated.

cDNA was synthesized using 1.5 µg of total RNA with Revert Aid™ reverse transcriptase (Fermentas, St. Leon-Rot, Germany) and 50 pmol random hexamer primers (Sigma-Aldrich, Nümbrecht, Germany). No-RT controls were performed by omitting reverse transcription. No-template controls were performed by adding nuclease-free water.

The amount of mRNA of the different candidate genes was quantified using real-time PCR (cycler Mx 3000P™ Stratagene). The features of the primers used for quantification are presented in Table 1. Copy numbers for each transcript were calculated from standard curves, based on purified and sequenced amplicons. Melting curve analysis confirmed the presence of a single product for each real-time PCR assay. The PCR reaction was performed in a total volume of 10 µL comprising 2 µL of template diluted 1:4 (exception: visfatin: 1:3), 1 µL of the assay specific primer mix, 5 µL of the SYBR Green JumpStart Taq Readymix (Sigma-Aldrich) and 2 µL water. The annealing temperature was 60°C (exception: RNA polymerase II: 58°C). All samples were measured in triplicate. No-template controls were performed using nuclease-free water to control for contaminations during real-time PCR. In addition, the controls from cDNA synthesis (no-RT and no-template control) were run in real-time PCR to control for DNA contamination of RNA and cDNA synthesis in general. RNA polymerase II was used as internal control; its suitability was justified by the apparent lack of differences between the different depots. Normalization of data was performed by calculating the ratio between the gene of interest and the internal control.

Statistical analyses were performed with the statistical software package SPSS 15.0 (SPSS Inc., Chicago, Illinois, USA). Comparisons of v.c. and s.c. AT were done after summarizing the data of the 2 v.c. and of the 3 s.c. adipose depots, respectively. Paired Wilcoxon test or Kendall-W-Test were used to test differences between s.c. and v.c. fat or for the individual analysis of the 5 AT depots. Statistical significance was set at $P \leq 0.05$. $P \leq 0.10$ was considered as trend. For multiple comparisons, an alpha adjustment by Bonferroni was performed ($P \leq 0.01$; $P \leq 0.02$ was considered as trend). Spearman correlations were calculated with a level of significance set at $P \leq 0.01$.

We calculated intraclass correlation coefficients (ICCs), which is a measure of the variability among groups and provides an estimate of the correlation between observation within the same group, between the triplicates assayed showing the technical variation (ICC = 0.990 ± 0.005; mean ± SD) and within-depots and within-animal concordance of expression similar to the study of van Beek et al. (2007).

RESULTS

The results of the mRNA expression of the target genes and also from the internal control are shown for the 5 distinct fat depots together with a comparison of all s.c. versus all v.c. depots in Table 2. The mRNA abundance of the receptors AdipoR1 and AdipoR2 was higher in v.c. than in s.c. AT. Leptin mRNA abundance in s.c. AT was higher than in v.c. depots, with greatest values in the s.c.S depot. In this depot, leptin mRNA expression was nearly 6-fold higher than in v.c.P ($p = 0.008$) and in v.c.O ($p = 0.008$), respectively. A trend for different amounts of leptin mRNA was observed between the diverse s.c. depots (s.c.S vs. s.c.W: $p = 0.017$; s.c.S vs. s.c.T: $p = 0.018$). Visfatin mRNA was observed s.c. as well as in v.c. AT depots without any distinctions between them. IR mRNA abundance was higher in v.c. fat compared to s.c. depots ($p = 0.047$). IR mRNA expression in v.c.P fat was numerically higher ($p = 0.017$) than in the v.c.O depot and also in s.c.S and s.c.W fat ($p = 0.011$ and 0.012, respectively).

The GPR 41 mRNA concentration was higher in v.c. than in s.c. fat ($p = 0.008$). By direct sequencing of the PCR products, we obtained a new partial ovine cDNA sequence for a putative ovine GPR 41 (Acc.:DQ361027; 142 bp).

DISCUSSION

Leptin is the most intensively studied adipokine and for ruminants the body of information available has considerably increased (Chilliard et al., 2005; Muhlhausler et al., 2007). We found higher leptin mRNA abundance in s.c. than in v.c. fat. This observation is in agreement with previous results reported for sheep (Muhlhausler et al., 2007), and humans (e.g. Hube et al., 1996). However, higher as well as only slightly higher leptin mRNA abundance in s.c. than in v.c. AT are found in sheep (Kumar et al., 1998; Muhlhausler et al., 2007). A higher amount of leptin mRNA in s.c. AT is reported in goats (Chilliard et al., 2001), whereas no varieties between fat depots are found in cattle (e.g. Chelikani et al., 2003). The dependence of leptin expression on fat cell size (Auwerx and Steals, 1998) and the greater sensitivity of omental fat cells to catecholamines (Hube et al., 1996) are discussed as reasons for the regional differences in leptin mRNA abundance in humans. Similar relationships might exist in rodents and ruminants. Interestingly, we observed divergences between the 3 s.c. adipose tissue depots, whereas the 2 localizations of the analyzed v.c. fat depots were not different concerning leptin mRNA expression. The heterogeneity of the s.c. AT concerning leptin mRNA expression is supported by the small ICC (0.018) and seems to be mainly attributable to the s.c.S depot with the highest relative leptin mRNA abundance. The selection of several sampling sites within the s.c. AT depots might be a reason for the inconsistent published results on leptin mRNA expression values in s.c. and v.c. fat in ruminants and monogastric species. This should be verified in detail by protein expression analysis in each location in future.

No depot specific divergences, neither between the 5 fat depots, nor between s.c. and v.c. adipose tissue were found for adiponectin mRNA expression. The ICC of 0.726 showed a good correlation between the 5 measured fat depots. Species and age related differences in depot specific adiponectin mRNA expression might exist. Greater adiponectin mRNA abundance was observed in v.c. vs. s.c. fat of rats, swine and neonatal sheep, in particular in perirenal or omental AT (Altomonte et al., 2003; Lord et al., 2005; Muhlhausler et al., 2007). However, several studies in humans on adiponectin mRNA contents in s.c. vs. v.c. AT revealed higher adiponectin mRNA and protein expression in s.c. compared to v.c. AT (e.g. Nannipieri et al., 2007), or no depot varieties (Yang et al., 2003). Taken together, the depot specific regulation of adiponectin mRNA expression is not entirely clear until now.

Compared to adiponectin itself, less is known about the expression of its receptors in diverse fat depots. We observed higher mRNA expression in the subsummarized v.c. depots than in the s.c. ones, but when comparing the individual depots separately, no differences were evident. The ICCs calculated for AdipoR1 and for AdipoR2 were rather low (0.18 and 0.29, respectively) between the 5 measured fat depots, suggesting heterogeneity between the measured depots.

In contrast to our results, both adiponectin receptors were observed to be higher expressed in s.c. than in v.c. fat in humans (Nannipieri et al., 2007). Comparing the amounts of AdipoR1 and Adipo2 mRNA, we found a roughly 6-fold higher abundance of AdipoR2 mRNA in both, s.c. and v.c. fat. This distinction is in line with earlier observations we made in bovine s.c. AT (Lemor et al., 2009).

Visfatin has recently been identified as a v.c. fat-specific adipokine probably linking the expansion of this depot to insulin resistance (Sethi and Vidal-Puig, 2005). It is known that visfatin mRNA is expressed in bovine mammary epithelial cells and in the mammary gland, and the protein is present in milk (Yonezawa et al., 2006). Visfatin mRNA is also present in s.c. AT of cattle (Lemor et al., 2009). Concerning depot-specific varieties, the results published are conflicting and are particularly limited to humans so far. Abundant visfatin mRNA expression in v.c. fat (Fukuhara et al., 2005), as well as a higher visfatin mRNA content in s.c. fat (Pagano et al., 2006), or no differences in expression between s.c. and v.c. fat (Berndt et al., 2005), analogous to our study were reported.

We found a higher IR mRNA abundance in v.c. AT compared to s.c. fat pointing to a differentially regulated insulin sensitivity of disparate AT depots. This might be explained by increased insulin stimulated glucose uptake of v.c. AT in comparison to s.c. AT (Virtanen et al., 2002).

For the first time a partial mRNA sequence of a putative GPR 41 was described in sheep. Its expression was found in all analyzed ovine fat depots, thus confirming data from v.c. and s.c. fat in other ruminant species (e.g. Mielenz et al., 2008; Lemor et al., 2009). Besides AT, GPR 41 mRNA is expressed in several other bovine tissue (Wang et al., 2009; Yonezava et al., 2009). We found a 2-fold higher putative GPR 41 mRNA abundance in v.c. compared to s.c AT. It is known that energy storage is differentially regulated between s.c. vs. v.c. fat depots (Wajchenberg, 2000) and GPR 41 might also play a role in sheep as indicated by the higher abundance in v.c. than in s.c. AT.

In summary, we observed divergences in the mRNA abundance of AdipoR1 and AdipoR2, leptin, IR and GPR 41 between the subsummarized depots of v.c. or s.c. origin, and in part, between the 5 individual depots. Besides, to the continued need for protein data and expansion to animals showing a wider range of body fat contents, our results emphasize the importance of sampling site when aiming to characterize the regulatory role of adipose tissue. In addition, the depot specific expression observed in our study with sheep of comparable physiological status might also be differentially affected during the dynamics of homeostatic and homoerhetic adaptation.

Table 1.
Characteristics of primers used

Gene	NIH GenBank accession No.	Species	Product length (bp)	Primer sequence 5'-3'
Adiponectin	NM_174742	Bos taurus	204	F = CTGGAGAGAAGGGAGAGAAAG R = TGGGTACATTGGGAACAGTG
Adiponectin receptor 1	XM_593692	Bos taurus	118	F = GCTGAAGTGAGAGGAAGAGTC R = GAGGGAATGGAGTTTATTGCC
Adiponectin receptor 2	XM_580459	Bos taurus	200	F = GGCAACATCTGGACACATC R = CTGGAGACCCCTTCTGAG
Leptin	U62123	Ovis aries	183	F = GACATCTCACACACGCAG R = GAGGTTCTCCAGGTCATT
Visfatin	NM_005746*	Homo sapiens	120	F =CAGGCACCACTAATAATCAGAC R = CAGCAACTTGTAACCCTTTGAG
Insulin receptor	AY574999	Bos taurus	82	F = GGAGTCGGCTGGTCATCTC R = CTCGGGGGAATCTTGGTTG
Putative GPR41	XM_605910	Bos taurus	215	F = ACCTGATGGCCCTGGTG R = GGACGTGAGATAGATGGTGG
RNA polymerase II	X63564	Homo sapiens	86	F = GAAGGGGGAGAGACAAACTG R = GGGAGGAAGAAGAAAAAGGG

Abbreviations: bp, base pairs; F, primer forward sequence; GPR, G-protein coupled receptor; NIH, National Institutes of Health; R, primer reverse sequence; * formerly NM_182790; visfatin, once called pre-B cell colony-enhancing factor, recently identified as nicotinamide phosphoribosyltransferase.

Table 2
Relative amounts of the mRNAs for the target genes and the internal control (means ± SEM) in 5 different fat depots from rams slaughtered at 40 kg live weight

Gene	Subcutaneous (s.c.) fat depots			Visceral (v.c.) fat depots		
	above the sternum	around the withers	at the base of tail	Perirenal	Omental	s.c. vs v.c.[1)]
Adiponectin	0.34 ± 0.01	0.24 ± 0.09	0.29 ± 0.11	0.40 ± 0.13	0.28 ± 0.10	n.s.
Adiponectin receptor 1	4.94 ± 1.65	3.68 ± 1.30	4.02 ± 1.42	6.72 ± 2.12	3.84 ± 1.21	$p \leq 0.05$
Adiponectin receptor 2	30.8 ± 10.3	18.1 ± 6.39	29.7 ± 10.5	59.3 ± 18.8	27.1 ± 8.57	$p \leq 0.05$
Leptin	4.62 ± 1.54^{a}	$1.28 \pm 0.45^{a,b}$	$1.30 \pm 0.46^{a,b}$	0.80 ± 0.25^{b}	0.52 ± 0.16^{b}	$p \leq 0.05$
Visfatin	0.42 ± 0.14	0.46 ± 0.16	0.78 ± 0.28	0.79 ± 0.25	0.31 ± 0.10	n.s.
Insulin receptor	23.6 ± 7.87	27.6 ± 9.77	29.6 ± 10.5	57.5 ± 18.2	24.0 ± 7.60	$p \leq 0.05$
putative GPR 41	0.06 ± 0.02	0.13 ± 0.05	0.13 ± 0.05	0.36 ± 0.12	0.17 ± 0.06	$p \leq 0.05$
RNA Polymerase II	34,290 ± 11,430	37,060 ± 13,100	42,180 ± 14,910	35,360 ± 11,180	41,820 ± 13,220	n.s.

[1)] Quantification of the different mRNAs was performed by real-time PCR; the results are given as ratio between the mRNA abundances of the respective target gene vs. the internal control RNA polymerase II.
[2)] Results of the statistical comparison of all s.c. vs. all v.c. depots.
Differences ($P \leq 0.01$) between the 5 different depots are signified by different superscript letters within lines.

References

Altmann, M.; Sauerwein H.; von Borell E., 2006: The relationships between leptin concentrations and body fat reserves in lambs are reduced by short-term fasting. Journal of Animal Physiology and Animal Nutrition 90, 407-13.

Altomonte, J.; Harbaran S.; Richter A.; Don H., 2003: Fat depot-specific expression of adiponectin is impaired in zucker fatty rats. Metabolism 52, 958-963.

Auwerx, J.; Steals B., 1998: Leptin. The Lancet 351, 737-742.

Bastard, J.P.; Maachi M.; Lagathu C.; Kim M.J.; Caro M.;, Vidal H.; Capeau J.; Feve B., 2006: Recent advances in the relationship between obesity, inflammation, and insulin resistance. European Cytokine Network 17, 4-12.

Van Beek, E.A.; Bakker A.H.; Kruyt P.M.; Hofker M.H.; Saris W.H.; Keijer J., 2007: Intra- and interindividual variation in gene expression in human adipose tissue. Pflugers Archive – European Journal of Physiology 453, 851-861.

Berndt, J., Klöting N., Kralisch S.; Kovacs P.; Fasshauer M.;, Schön M.R.; Stumvoll M.; and Blüher M., 2005: Plasma visfatin concentrations and fat depot-specific mRNA expression in humans. Diabetes 54, 2911-2916.

Chelikani, P.K.; Glimm D.R.; Kennelly J.J., 2003: Short communication: Tissue distribution of leptin and leptin receptor mRNA in the bovine. Journal of Dairy Science 86, 2369-2372.

Chilliard, Y.; Bonnet M.; Delavaud C.; Faulconnier Y.; Leroux C.; Djiane J.;F. Bocquier F., 2001: Leptin in ruminants. Gene expression in adipose tissue and mammary gland, and regulation of plasma concentration. Domestic Animal Endocrinology 21, 271-295.

Chilliard, Y.; Delavaud C.; Bonnet M., 2005: Leptin expression in ruminants: Nutritional and physiological regulations in relation with energy metabolism. Domestic Animal Endocrinology 29, 3-22.

Chomczynski, P.; Mackey K., 1995: Substitution of chloroform by bromo-chloropropane in the single-step method of RNA isolation. Analytical Biochemistry 225, 163-164.

Fukuhara, A.; Matsuda M.; Nishizawa M.; Segawa K.; Tanaka M.; Kishimoto K.; Matsuki Y.; Murakami M.; Ichisaka T.; Murakami H.; Watanabe E.; Takagi T.; Akiyoshi M.; Ohtsubo T.; Kihara S.; Yamashita S.; Makishima M.; Funahashi T.; Yamanaka S.; Hiramatsu R.; Matsuzawa Y.; Shimomura I., 2005: Visfatin: a protein secreted by visceral fat that mimics the effect of insulin. Science 307, 426-430.

Guerre-Millo, M., 2008: Adiponectin: an update. Diabetes and Metabolism 34, 12-18.

Hube, F.; Lietz U.; Igel M.; Jensen P.B.; Tornqvist H.; Joost H.G.; Hauner H., 1996: Difference in leptin mRNA levels between omental and subcutaneous abdominal adipose tissue from obese humans. Hormone and Metabolic Research 28, 690-693.

Kershaw, E.E.; Flier J.S., 2004: Adipose tissue as an endocrine organ. Journal of Clinical Endocrinology and Metabolism 89, 2548-2556.

Kumar, B., Francis S.M.; Suttie J.M.; Thompson M.P., 1998: Expression of obese mRNA in genetically lean and fat selection lines of sheep. Comparative Biochemistry and Physiology - Part B Biochemistry and Molecular Biology 120, 543-548.

Lemor, A.; Hosseini A.; Sauerwein H.; Mielenz M., 2009: Transition period-related changes in the abundance of the mRNAs of adiponectin and its receptors, of visfatin, and of fatty acid binding receptors in adipose tissue of high-yielding dairy cows. Domestic Animal Endocrinology 37, 37-44.

Le Poul, E.; Loison C.; Struyf S.;Springael J.Y.; Lannoy V.; Decobecq M.E.; Brezillon S.; Dupriez V.; Vassart G.; Van Damme J.; Parmentier M.; Detheux M., 2003: Functional characterization of human receptors for short chain fatty acids and their role in polymorphonuclear cell activation. Journal of Biological Chemistry 278, 25481-25489.

Lord, E.; Ledoux S.; Murphy B.D.; Beaudry D.; Palin M.F., 2005: Expression of adiponectin and its receptors in swine. Journal of Animal Science 83, 565-578.

Marshall, S., 2006: Role of insulin, adipocyte hormones, and nutrient-sensing pathways in regulating fuel metabolism and energy homeostasis: a nutritional perspective of diabetes, obesity, and cancer. Sciences STKE. 346:re7.

Mielenz, M.; Seybold C.; Sauerwein H., 2008: Effects of short-term infusion with propionate on the mRNA expression of a putative G-protein coupled receptor 41 (GPR41) in adipose tissue of goats. Livestock Science 116, 328-331.

Muhlhausler, B.S.; Duffield J.A.; McMillen I.C., 2007: Increased maternal nutrition increases leptin expression in perirenal and subcutaneous adipose tissue in the postnatal lamb. Endocrinology 148, 6157-6163.

Nannipieri, M.; Bonotti A.; Anselmino M.; Cecchetti F.; Madec S.; Mancini E.; Baldi S.; Santini F.; Pinchera A.; Rossi M.; Ferrannini E., 2007: Pattern of expression of adiponectin receptors in human adipose tissue depots and its relation to the metabolic state. International Journal of Obesity 31, 1843-1848.

Pagano, C.; Pilon C.; Olivieri M.; Mason P.; Fabris R.; Serra R.; Milan G.; Rossato M.; Federspil G.; Vettor R., 2006: Reduced plasma visfatin/pre-B cell colony-enhancing factor in obesity is not related to insulin resistance in humans. Journal of Clinical Endocrinology and Metabolism 91, 3165-3170.

Sethi, J.K.; Vidal-Puig A., 2005: Visfatin: the missing link between intra-abdominal obesity and diabetes? Trends in Molecular Medicine 11, 344-347.

Trayhurn, P.;Wood I.S., 2004: Adipokines: inflammation and the pleiotropic role of white adipose tissue. British Journal of Nutrition 92, 347-355.

Virtanen, K.A.; Lönnroth P.; Parkkola R.; Peltoniemi P.; Asola M.; Viljanen T.; Tolvanen T.; Knuuti J.; Rönnemaa T.; Huupponen R.; Nuutila P., 2002: Glucose uptake and perfusion in subcutaneous and visceral adipose tissue during insulin stimulation in nonobese and obese humans. Journal of Clinical Endocrinology and Metabolism 87, 3902-3910.

Wajchenberg, B.E., 2000: Subcutaneous and visceral adipose tissue: Their relation to the metabolic syndrome. Endocrine Reviews 21, 697-738.

Wang, A., Gu Z., Heid B., Akers R.M., Jiang H., 2009: Identification and characterization of the bovine G protein-coupled receptor GPR41 and GPR43 genes. Journal of Dairy Science 92, 2696-2705.

Yang, W.S.; Chen M.H.; Lee W.J.; Lee K.C.; Chao C.L.; Huang K.C.; Chen C.L.; Tai T.Y.; Chuang L.M., 2003: Adiponectin mRNA levels in the abdominal adipose depots of nondiabetic women. International Journal of Obesity 27, 896-900.

Yonezawa, T.; Haga S.; Kobayashi Y.; Takahashi T.; Obara Y., 2006: Visfatin is present in bovine mammary epithelial cells, lactating mammary gland and milk, and its expression is regulated by cAMP pathway. FEBS Letters 580, 6635-6643.

Yonezawa, T.; Haga S.; Kobayashi Y.; Katoh K.; Obara Y., 2009: Short-chain fatty acid signaling pathways in bovine mammary epithelial cells. Regulatory Peptides 153, 30-36.

Kapitel 4

Schlussfolgerungen und Ausblick

Die Untersuchungen der mRNA-Expression verschiedener Adipokine im s.c. Fettgewebe a.p. und p.p. beim Rind haben Unterschiede bezüglich ihres mRNA-Expressionsniveaus zwischen den untersuchten Beprobungszeitpunkten ergeben. Aufgrund dieser Ergebnisse der reduzierten mRNA-Expression beider Adiponectinrezeptoren p.p. schlussfolgern wir eine geringere Adiponectinsensitivität auf Ebene des Fettgewebes p.p. beim Rind. Es ist bekannt, dass Adiponectin positiv auf die Insulinsensitivität über die Aktivierung von AMPK wirkt (Kadowaki et al., 2003; Yamauchi et al., 2002). Da zu Beginn der Laktation eine reduzierte Insulinsensibilität vorteilhaft in Bezug auf die erleichterte Energiebereitstellung aus der Fettmobilisation ist, passt der Baustein einer verringerten Adiponektinsensibilität p.p. in die physiologischen Zusammenhänge der Transitionsphase. Zusammen mit den Ergebnissen der Studie über die Leber vom Rind von Loor und Kollegen (2006) ergibt sich aufgrund der unterschiedlichen mRNA-Expression der Adiponectinrezeptoren während der Transitionsphase die Vermutung einer unterschiedlichen Regulation dieser Faktoren zwischen Fettgewebe und Leber. Weitere Untersuchungen zu diesen Zusammenhängen, auch auf Proteinebene, sind in Zukunft erforderlich, um diese Verknüpfungen aufzuklären.

Der Einfluss des Visfatins auf die Insulinsignalwege und die Glukoseaufnahme ist beim Monogastrier als eher nebensächlich eingeschätzt worden, da die Visfatinblutkonzentration im Vergleich zur Insulinblutkonzentration nur gering ist. Unsere Ergebnisse deuten darauf hin, dass diese Rolle des Visfatins, das ein Ligand des Insulinrezeptors (IR) ist, zumindest beim Wiederkäuer, doch von größerer Bedeutung sein könnte, da die von uns angenommenen erhöhten Visfatinplasmakonzentrationen mit der reduzierten Insulinsensitivität zusammenfallen. Zur Klärung des genauen Einflusses des Visfatins insbesondere auf die Insulinsignalwege beim Wiederkäuer sind weiterführende Studien auch auf Proteinebene erforderlich.

Wir konnten sowohl die mRNA der fettsäurebindenden Rezeptoren GPR 41 und die GPR 43 sowie die des putativen BHB- und Nikotinsäurebindenden Rezeptors GPR 109A im bovinen s.c. Fettgewebe und in bovinen Leukozyten nachweisen. Der Nachweis der mRNA-Expression von GPR 41 und 43 im bovinen Fettgewebe steht im Kontrast zu den Ergebnissen von Wang und Kollegen (2009), die beide Rezeptoren mRNA in verschiedensten bovinen Geweben, jedoch die GPR 43 mRNA nicht und die GPR 41 mRNA im Fettgewebe nur sehr schwach, nachweisen konnten. Während der Transitionsphase haben wir Veränderungen

bezüglich der mRNA-Expression des GPR 41 und des putativen GPR 109A im Fettgewebe beobachtet, doch bisher ist noch vollkommen unbekannt, welche Rolle diese Regulation spielen könnte, dies sollte daher in zukünftigen Studien intensiv untersucht werden.
Unsere Ergebnisse von unterschiedlichen mRNA-Expressionen verschiedener Adipokine, deren Rezeptoren und des GPR 41 und des putativen GPR 109A während der Transitionsphase beim Rind können darauf hinweisen, dass es nach weiteren Studien möglich sein könnte, gefährdete d.h. ungenügend adaptierte Tiere frühzeitig zu erkennen und im Folgenden Erkrankungen zu verhindern. Die Ergebnisse unserer Studie über die mRNA-Expression ausgewählter Adipokine und Rezeptoren in verschiedenen Fettdepots beim kleinen Wiederkäuer Schaf deuten auf individuelle mRNA-Expression der untersuchten Faktoren in den Depots hin. Bisher ist beim Rind in diesem Zusammenhang nur wenig bekannt, so dass sich zukünftige Studien auch mit den unterschiedlichen Fettgeweben und deren Regulation beim Rind beschäftigen sollten.

Kapitel 5

Zusammenfassung

Anneka Lemor

Untersuchungen zur mRNA-Expression von Adiponectin und anderen Adipokinen, ihren Rezeptoren sowie von fettsäurebindenden Rezeptoren im Fettgewebe von Wiederkäuern

In der Milchviehhaltung ist aus gesundheitlichen Gründen das erste Drittel der Laktation als problematisch zu betrachten, da das bis zu einem bestimmten Grad physiologische Energiedefizit zu lang anhaltenden, katabolen Stoffwechselveränderungen führt und suppressiv auf die systemische Abwehr wirkt. Infolge kann es zu Stoffwechsel- und Infektionskrankheiten, reduzierter Milchproduktion und zu Fruchtbarkeitsstörungen kommen. Das Fettgewebe, das in dieser Zeit zur Gewährleistung des erhöhten Energiebedarfs der Milchdrüse einem verstärkten Abbau unterworfen ist, hat dabei nicht nur als Energiespeicher Bedeutung für den Gesamtorganismus; es nimmt darüber hinaus über die dort produzierten Hormone und Zytokine (die als Adipokine zusammengefasst werden) Einfluss auf diverse Körperfunktionen. Das Ziel der vorliegenden Studien war die mRNA-Expression verschiedener, für den Energiehaushalt, Fettstoffwechsel und die Glukosehomöostase relevante Adipokine und Rezeptoren im Fettgewebe von Wiederkäuern zu erfassen. Bei den untersuchten Adipokinen handelte es sich um Adiponectin, Leptin und Visfatin, sowie deren Rezeptoren Adiponectinrezeptor 1 und 2 (AdipoR1/2), die lange Isoform des Leptinrezeptors (ObRb) und den Insulinrezeptor (IR). Des Weiteren wurde die mRNA-Expression der G-Protein gekoppelten Rezeptoren (GPR) für kurzkettige Fettsäuren, d.h. für GPR 41 und GPR 43, sowie des Rezeptors für Nikotinsäure und ß-Hydroxybutyrat, GPR 109A, gemessen. Für die verschiedenen mRNAs wurden geeignete Protokolle zur validen Quantifizierung etabliert. Die Studien wurden zum Einen im subkutanen Fettgewebe von Milchkühen durchgeführt, wobei die Expressionswerte vor und nach der Geburt verglichen wurden. Ob andere Fettdepots analoge Reaktionen zeigen, konnte an den Kühen nicht untersucht werden, weshalb zunächst am Schaf als Wiederkäuermodell die Expression der genannten Faktoren in verschiedenen viszeralen und subkutanen Fettdepots verglichen wurde.

Für die Untersuchungen an Milchkühen wurden subcutane Fettproben etwa eine Woche ante partum (a.p.) sowie ca. drei Wochen post partum (p.p.) aus der Schwanzregion entnommen und mittels Echtzeit-RT-PCR untersucht. Die mRNA-Expression beider Adiponectinrezeptoren war nach der Kalbung im Vergleich zu a.p. reduziert; dies deutet auf eine reduzierte Adiponectinsensitivität des Fettgewebes p.p. hin, die mit der in diesem Zeitraum bekanntermaßen sinkenden Insulinsensitivität zusammen fällt. Für die mRNA-Expression von Visfatin und putativem GPR 109A war p.p. im Vergleich zu a.p. eine Tendenz ($P = 0.074$ bzw. $P = 0.092$) zu absinkenden Werten zu verzeichnen. Dagegen war die mRNA-Expression von GPR 41 und ObRb p.p. verglichen mit a.p. erhöht. Für Visfatin, GPR 41 und GPR 109A sind modulierende Effekte auf die Insulinsensitivität anzunehmen.

Für den Vergleich verschiedener Fettdepots wurden die Untersuchungen auf Mastlämmer ausgedehnt und drei verschiedene subkutane sowie zwei viszerale Depots hinsichtlich der mRNA-Expression der oben genannten Faktoren erfasst. Bei den subkutanen Depots handelte es sich um Fett aus den Bereichen des Brustbeins, des Widerrists und der Schwanzbasis; bei den viszeralen Lokalisationen wurden das perirenale und das mesenteriale Depot beprobt. Die mRNA-Expression beider Adiponectinrezeptoren sowie des putativen GPR 41 und des IR war in den viszeralen Depots höher als in den subkutanen. Aufgrund der tendenziellen Unterschiede der Leptin mRNA-Expression innerhalb der subkutanen Depots, sollte in künftigen Untersuchungen nicht zwingend von einer Homogenität des gesamten subkutanen Fettgewebes in der basalen und der regulativ veränderten Expression ausgegangen werden. Darüber hinaus sollten, um Aussagen für den Gesamtorganismus treffen zu können, weiterführende Untersuchungen zur regulativen Bedeutung des Fettgewebes nicht auf die subkutanen Depots beschränkt bleiben.

Die hier gezeigten Ergebnisse dienen als Basisarbeit für weitere Untersuchungen; sie belegen, dass die mRNA verschiedener Adipokine und Rezeptoren in der Transitionsphase oder auch zwischen den verschiedenen Fettdepots verschieden exprimiert wird. Fortführende Studien sollten weitere Adipokine einschließen, auch die Proteinexpression dieser Faktoren erfassen sowie nicht nur - wie gegenwärtig - physiologische Situationen charakterisieren, sondern auch Veränderungen, die als pathologisch einzuordnen sind, umfassen.

Kapitel 6

Summary

Anneka Lemor

Studies about the mRNA expression of adiponectin and other adipokines, their receptors as well as fatty acid binding receptors in adipose tissue in ruminants

In dairy farming, the first third of lactation is a critical period during which the incidence of health distubances might be increased. The negative energy balance that is physiological to a certain degree during early lactation leads to catabolism and immunosuppression. In consequence, metabolic and infecitious diseases, reproductive disorders, and reduced milk production might occur. The increased energy requirement of the mammary gland in early lactation is fueled to a major extent by lipolysis; adipose tissue functions not only as energy storage but also acts as an endocrine gland. Adipose tissue synthesizes and secretes various hormones and cytokines (summarized as adipokines), and thereby affects several bodily functions. The aim of the present study was to compare the mRNA expression of adipokines and receptors involved in lipid metabolism and glucose homeostasis in adipose tissue of ruminants. The measured adipokines were adiponectin, leptin, and visfatin, as well as the adiponectin receptors 1 and 2 (AdipoR1/2), the long form of the leptin receptor (obRb), and the insulin receptor (IR). In addition, the mRNA expression of the G-protein coupled receptors (GPRs) for short chain fatty acids, GPR 41 and GPR 43, as well as the receptor for nicotinic acid and ß-hydroxybutyric acid, GPR 109A were quantified. For these mRNA quantifications, adequate protocols were established. The investigations were on the one hand side performed in subcutaneous adipose tissue of dairy cows to compare the mRNA abundances before and after calving. To clarify the expression in fat depots other than subcutaneous fat, extended studies could not be done in cows. Therefore, the respective investigations using several subcutaneous and visceral fat depots were done in another ruminant species, i.e. in sheep.

For the study in dairy cows, biopsies from subcutaneous fat from the tailhead were obtained from dairy cows one week antepartum (a.p.) and three weeks postpartum (p.p.), and the mRNA abundance of the aforementioned factors was quantified using real-time PCR. The mRNA expression of both adiponectin receptors was lower in p.p. samples than in samples collected a.p. and thus indicates decreasing adiponectin sensitivity in adipose tissue after calving. This reduced adiponectin sensitivity coincides with the knowingly decreased insulin sensitivity in early lactation. For visfatin and putative GPR 109A, a trend for a decrease ($P = 0.074$ and $P = 0.092$, respectively) p.p. compared with a.p. samples, and increasing mRNA abundances for GPR 41 and obRb in p.p. samples contrasted with those taken a.p. was observed. For visfatin, GPR 41, as well as for GPR 109A, modulating effects on insulin sensitivity are assumed.

For the comparison of different fat depots, the study was extended to sheep. The mRNA abundances of the aforementioned factors were measured in three subcutaneous and two visceral depots. The subcutaneous depots were close to sternum, close to withers, and at the base of the tail; in addition, two visceral depots, perirenal and omental, were sampled. The mRNAs of both adiponectin receptors, as well as IR and putative GPR 41, were higher expressed in visceral than in subcutaneous fat. Because of the trend for a differential mRNA abundance of leptin inside the subcutaneous fat depots, homogeneity of the subcutaneous fat depot can not necessarily be taken for granted. Moreover, for statements about the entire organism, further studies about the regulatory importance of adipose tissue, should not be limited to subcutaneous fat.

The present thesis serves as a basis for further studies showing divergent mRNA abundance of several adipokines and receptors during the transition from pregnancy to lactation and also between different fat depots in ruminants. Future studies should include further adipokines and should also characterize these factors at the protein level. Moreover, not only physiological situations – like in this study – but also pathological alterations should be comprised.

Literaturverzeichnis für den deutschsprachigen Teil der Arbeit

Altmann M, Sauerwein H, von Borell E. The relationships between leptin concentrations and body fat reserves in lambs are reduced by short-term fasting. J Anim Physiol Anim Nutr 2006;90:407-13.

Ahima RS, Flier JS. Leptin. Annu Rev Physiol 2000;62:413-37.

Antuna-Puente B, Feve B, Fellahi S, Bastard J-P. Adipokines: The missing link between insulin resistance and obesity. Diabetes Metab, 2008;34:2-11.

Arita Y, Kihara S, Ouchi N, Takahashi M, Maeda K, Miyagawa J, Hotta K, Shimomura I, Nakamura T, Miyaoka K, Kuriyama H, Nishida M, Yamashita S, Okubo K, Matsubara K, Muraguchi M, Ohmoto Y, Funahashi T, Matsuzawa Y. Paradoxical decrease of an adipose-specific protein, adiponectin, in obesity. Biochem Biophys Res Commun 1999;257:79-83.

Anubhuti, Arora S. Leptin and its metabolic interactions – an update. Diabetes Obes Metab 2008;10:973-93.

Bell AW. Regulation of organic nutrient metabolism during transition from late pregnancy to early lactation. J Anim Sci 1995;73:2804-19.

Berg EP, McFadin EL, Maddock KR, Goodwin RN, Baas TJ, Keisler DH. Serum concentrations of leptin in six genetic lines of swine and relationship with growth and carcass characteristics. J Anim Sci 2003;81:167-71.

Bergman EN. Energy contributions of volatile fatty acids from the gastrointestinal tract in various species. Physiol Rev 1990;70:567-90.

Bjorntorp P. Metabolic implications of body fat distribution. Diabetes Care 1991,14:1132-43.

Blache D, Tellam RL, Chagas LM, Blackberry MA, Vercoe PE, Martin GB. Level of nutrition affects leptin concentrations in plasma and cerebrospinal fluid in sheep. J Endocrinol 2000;165:625-37.

Bispham J, Budge H, Mostyn A, Dandrea J, Clarke L, Keisler DH, Symonds ME, Stephenson T. Ambient temperature, maternal dexamethasone, and postnatal ontogeny of leptin in the neonatal lamb. Pediatr Res 2002;52:85-90.

Boisclair YR, Wesolowski SR, Kim JW, Ehrhardt RA. Roles of growth hormone and leptin in the periparturient dairy cow. In: Ruminant Physiology: Digestion, metabolism, and impact of nutrition on gene expression, immunology, and stress, Sejrsen K, Hvelplund T, Nielsen MO (Eds), Wageningen Academic Publishers, 2006, pp. 327-46.

Breves G, Rodehutscord M. Gibt es Grenzen in der Zucht auf Milchleistung? – Aus der Sicht der Physiologie -. In: 27. Viehwirtschaftliche Fachtagung, Bundesanstalt für alpenländische Landwirtschaft 2000, Gumpenstien, Österreich, 1-4.

Brown AJ, Goldsworthy SM, Barnes AA, Eilert MM, Tcheang L, Daniels D, Muir AI, Wigglesworth MJ, Kinghorn I, Fraser NJ, Pike NB, Strum JC, Steplewski KM, Murdock PR,

Holder JC, Marshall FH, Szekeres PG, Wilson S, Ignar DM, Foord SM, Wise A, Dowell SJ. The orphan G protein-coupled receptors GPR41 and GPR43 are activated by propionate and other short chain carboxylic acids. J Biol Chem 2003;278:11312-19.

Brown AJ, Jupe S, Briscoe CP. A family of fatty acid binding receptors. DNA Cell Biol 2005;24:54-61.

Bruun JM, Lihn AS, Verdich C, Pedersen SB, Toubro S, Astrup A, Richelsen B. Regulation of adiponectin by adipose tissue-derived cytokines: in vivo and in vitro investigations in humans. Am J Physiol Endocrinol Metab 2003;285:E527-E533.

Chelikani PK, Glimm DR, Kennelly JJ. Short Communication: Tissue distribution of leptin and leptin receptor mRNA in the bovine. J Dairy Sci 2003:86:2369-72.

Chua SC Jr, Koutras IK, Han L, Liu S-M, Kay J, Young SJ, Chung WK, Leibel RL. Fine structure of the murine leptin receptor gene: splice site suppression is required to form two alternatively spliced transcripts. Genomics 1997;45:264-70.

Covington DK, Briscoe CA, Brown AJ, Jayawickreme CK. The G-protein-coupled receptor 40 family (GPR40-GPR43) and its role in nutrient sensing. Biochem Soc Trans 2006;34:770-3.

Daniel JA, Whitlock BK, Baker JA, Steele B, Morrison CD, Keisler DH, Sartin JL. Effect of body fat mass and nutritional status on 24-hour leptin profiles in ewes. J Anim Sci 2002;80:1083-9.

Delavaud C, Bocquier F, Chilliard Y, Keisler DH, Gertler A, Kann G. Plasma leptin determination in ruminants: effect of nutritional status and body fatness on plasma leptin concentration assessed by a specific RIA in sheep. J Endocrinol 2000;165:519-26.

Delporte ML, Brichard SM, Hermans MP, Beguin C. Lambert M. Hyperadiponectinaemia in anorexia nervosa. Clin Endocrinol 2003;58:22-9.

Doepel L, Lapierre H, Kennelly JJ. Peripartum performance and metabolism of dairy cows in response to prepartum energy and protein intake. J Dairy Sci 2002;85:2315-34.

Drackley JK. Biology of Dairy Cows During the Transition period: the final frontier? J Dairy Sci 1999;82:2259-73.

Ehrhardt RA, Slepetis RM, Siegal-Willott J, van Amburgh ME, Bell AW, Boisclair YR. Development of a specific radioimmunoassay to measure physiological changes of circulating leptin in cattle and sheep. J Endocrinol 2000;166:519-28.

Emery EM, Schmid TL, Kahn HS, Filozof PP. A review of the association between abdominal fat distribution, health outcome measures, and modifiable risk factors. Am J Health Promot 1993;7:342-53.

Fukuhara A, Matsuda M, Nishizawa M, Segawa K, Tanaka M, Kishimoto K, Matsuki Y, Murakami M, Ichisaka T, Murakami H, Watanabe E, Takagi T, Akiyoshi M, Ohtsubo T, Kihara S, Yamashita S, Makishima M, Funahashi T, Yamanaka S, Hiramatsu R, Matsuzawa

Y, Shimomura I. Visfatin: a protein secreted by visceral fat that mimics the effects of insulin. Science 2005;307:426-30.

Ge H, Li X, Weiszmann J, Wang P, Baribault H, Chen JL, Tian H, Li Y. Activation of G protein-coupled receptor 43 in adipocytes leads to inhibition of lipolysis and suppression of plasma free fatty acids. Endocrinology 2008;149:4519-26.

Geary TW, McFadin EL, MacNeil MD, Grings EE, Short RE, Funston RN, Keisler DH. Leptin as a predictor of carcass composition in beef cattle. J Anim Sci 2003;81:1-8.

Gille A, Bodor ET, Ahmed K, Offermanns S. Nicotinic acid: pharmacological effects and mechanisms of action. Annu Rev Pharmacol Toxicol 2008;48:79-106.

Grummer RR. Impact of changes in organic nutrient metabolism on feeding the transition dairy cow. J Anim Sci 1995;73:2820-33.

Guerre-Millo M. Adiponectin: an update. Diabetes Metab 2008;34:12-18.

Hachenberg S, Weinkauf C, Hiss S, Sauerwein H. Evaluation of classification modes potentially suitable to identify metabolic stress in healthy dairy cows during the peripartal period. J Anim Sci 2007;85:1923-32.

Hamm HE. The many faces of G protein signaling. J Biol Chem 1998;273:669-72.

Hendriks-Balk MC, Peters SLM, Michel MC, Alewijnse AE. Regulation of G protein-coupled receptor signalling: Focus on the cardiovascular system and regulator of G protein signalling proteins. Eur J Pharmacol 2008;585:278-91.

Hishikawa D, Hong Y-H, Roh S-G, Miyahara H, Nishimura Y, Tomimatsu A, Tsuzuki H, Gotoh C, Kuno M, Choi K-C, Lee H-G, Cho K-K, Hidari H, Sasaki S. Identification of genes expressed differentially in subcutaneous and visceral fat of cattle, pig, and mouse. Physiol Genomics 2005;21:343-50.

Hong Y-H, Nishimura Y, Hishikawa D, Tsuzuki H, Miyahara H, Gotoh C, Choi K-C, Feng DD, Chen C, Lee H-G, Katoh K, Roh S-G, Sasaki S. Acetate and propionate short chain fatty acids stimulate adipogenesis via GPCR43. Endocrinology 2005;146:5092-99.

Hotamisligil GS, Shargill NS, Spiegelman BM. Adipose expression of tumor necrosis factor-α: Direct role in obesity-linked insulin resistance. Science 1993;259:87-91.

Hu E, Liang P, Spiegelman BM. AdipoQ is a novel adipose-specific gene dysregulated in obesity. J Biol Chem 1996:271:10697-703.

Huan J-N, Li J, Han Y, Chen K, Wu N, Zhao AZ. Adipocyte-selective reduction of the leptin receptors induced by antisense RNA leads to increased adiposity, dyslipidemia, and insulin resistance. J Biol Chem 2003;278:45638-50.

Hug C, Wang J, Ahmad NS, Bogan JS, Tsao T-S, Lodish HF. T-cadherin is a receptor for hexameric and high-molecular-weight forms of Acrp30/adiponectin. PNAS 2004;101:10308-13.

Hug C, Lodish HF. Visfatin. a new adipokine. Science 2005;307:366-7.

Jia SH, Li Y, Parodo J, Kapus A, Fan L, Rotstein OD, Marshall JC. Pre-B cell colony-enhancing factor inhibits neutrophil apoptosis in experimental inflammation and clinical sepsis. J Clin Invest 2004;113:1318-27.

Kadowaki T, Yamauchi T, Kubota N, Hara K, Ueki K, Tobe K. Adiponectin and adiponectin receptors in insulin resistance, diabetes, and the metabolic syndrome. J Clin Invest 2006;116:1784-92.

Kadowaki T, Hara K, Yamauchi T, Terauchi Y, Tobe K, Nagai R. Molecular mechanism of insulin resistance and obesity. Exp Biol Med 2003;228:1111-7.

Kershaw EE, Flier JS. Adipose tissue as an endocrine organ. J Clin Endocrinol Metab 2004;89:2548-56.

Kopp H-P, Krzyzanowska K, Möhlig M, Spranger J, Pfeiffer AFH, Schernthaner G. Effects of marked weight loss on plasma levels of adiponectin, markers of chronic subclinical inflammation and insulin resistance in morbidly obese women. Int J Obes 2005;29:766-71.

Le Poul E, Loison C, Struyf S, Springael JY, Lannoy V, Decobecq M-E, Brezillon S, Dupriez V, Vassart G, van Damme J, Parmentier M, Detheux M. Functional characterization of human receptors for short chain fatty acids and their role in polymorphonuclear cell activation. J Biol Chem 2003;278:25481-9.

Lochhead PA, Slat IP, Walker KS, Hardie DG, Sutherland C. 5-aminoimidazole-4-carboxamide riboside mimics the effects of insulin on the expression of the 2 key gluconeogenic genes PEPCK and glucose-6-phosphatase. Diabetes 2000;49:896-903.

Loor JJ, Dann HM, Janovick Guretzky NA, Everts RE, Oliveira R, Green CA, Litherland NB, Rodriguez-Zas SL, Lewin HA, Drackley JK. Plane of nutrition prepartum alters hepatic gene expression and function in dairy cows as assessed by longitudinal transcript and metabolic profiling. Physiol Genomics 2006,27: 29-41.

Margetic S, Gazzola C, Pegg GG, Hill RA. Leptin: a review of its peripheral actions and interactions. Int J Obes Relat Metab Disord 2002;26:1407-33.

Metz HM, Lopes-Cardozo M, van den Bergh G. INHIBITION ON LIPOLYSIS IN BOVINE ADIPOSE TISSUE BY BUTYRATE AND ß-HYDROXYBUTYRATE:. FEBS Lett 1974;47:19-22.

Myers MG Jr. Leptin receptor signaling and the regulation of mammalian physiology. Recent Prog Horm Res 2004;59:287-304.

Nilsson NE, Kotarsky K, Owman C, Olde B. Identification of a free fatty acid receptor, FFA_2R, expressed on leukocytes and activated by short-chain fatty acids. Biochem Biophys Res Commun 2003;303:1047-52.

Ognjanovic S, Bao S, Yamamoto SY, Garibay-Tupas J, Samal B, Bryant-Geenmood GD. Genomic organisation of the gene coding for human pre-B-cell colony enhancing factor and expression in human fetal membranes. J Mol Endocrinol 2001;26:107-17.

Pannacciulli N, Vettor R, Milan G, Granzotto M, Catucci A, Federspil G, de Giacomo P, Giorgino R, de Pergola G. Anorexia nervosa is characterized by increased adiponectin plasma levels and reduced nonoxidative glucose metabolism. J Clin Endocrinol Metab 2003;88:1748-52.

Reaven GM. Banting lectures 1988. Role of insulin resistance in human disease. Diabetes 1988;37:1595-1607.

Rehage J, Kaske M. Hohe Milchleistung und Tiergesundheit- Ein Widerspruch? Übers. Tierernährg 2004;32:203-219.

Ronti T, Lupattelli G, Mannarino E. The endocrine function of adipose tissue: an update. Clin Endocrinol 2006;64:355-65.

Samal B, Sun Y, Stearns G, Xie C, Suggs S, McNiece I. Cloning and characterization of the cDNA encoding a novel human pre-B-cell colony-enhancing factor. Moll Cell Biol 1994;14:1431-7.

Sato C, Yasukawa Z, Honda N, Matsuda T, Kitajima K. Identification and adipocyte differentiation-dependent expression of the unique disialic acid residue in an adipose tissue-specific glycoprotein, Adipo Q. J Biol Chem 2001;276:28849-56.

Scherer PE, Williams S, Fogliano M, Baldini G, Lodish HF. A novel serum protein similar to C1q, produced exclusively in adipocytes. J Biol Chem 1995;270:26746-9.

Silva LFP, VandeHaar MJ, Weber Nielsen MS, Smith GW. Evidence for a local effect of leptin in bovine mammary gland. J Dairy Sci 2002;85:3277-86.

Szendrödi J, Roden M. Das Fettgewebe als endokrines Organ. Acta Med Austriaca 2004;31: 98-111.

Takeuchi T, Adachi Y, Ohtsuki Y, Furihata M. Adiponectin receptors, with special focus on the role of the third receptor, T-cadherin, in vascular disease. Med Mol Morphol 2007;40:115-20.

Taniguchi Y, Itoh T, Yamada T, Sasaki Y. Genomic structure and promoter analysis of the bovine leptin gene. IUBMB Life 2002;53:131-5.

Tartaglia LA. The leptin receptor. J Biol Chem 1997;272:6093-6.

Thomas L, Wallace JM, Aitken RP, Mercer JG, Trayhurn P, Hoggard N. Circulating leptin during ovine pregnancy in relation to maternal nutrition, body composition and pregnancy outcome. J Endocrinol 2001;169:465-76.

Tunaru S, Kero J, Schaub A, Wufka C, Blaukat A, Pfeffer K, Offermanns S. PUMA-G and HM74 are receptors for nicotinic acid and mediate its anti-lipolytic effect. Nat Med 2003;9:352-5.

Tsao T-S, Lodish HF, Fruebis J. ACRP30, a new hormone controlling fat and glucose metabolism. Eur J Pharmacol 2002;440:213-21.

Tsao T-S, Tomas E, Murrey HE, Hug C, Lee DH, Ruderman NB, Heuser JE, Lodish HF. Role of disulfide bonds in Acrp30/Adiponectin structure and signaling specifity. J Biol Chem 2003;278:50810-7.

Tsuchida A, Yamauchi T, Ito Y, Hada Y, Maki T, Takekawa S, Kamon J, Kobayashi M, Suzuki R, Hara K, Kubota N, Terauchi Y, Froguel P, Nakae J, Kasuga M, Accili D, Tobe K, Ueki K, Nagai R, Kadowaki T. Insulin/Foxo1 pathway regulates expression levels of adiponectin receptors and adiponectin sensitivity. J Biol Chem 2004;279:30817-22.

Waki H, Yamauchi T, Kamon J, Ito Y, Uchida S, Kita S, Hara K, Hada Y, Vasseur F, Froguel P, Kimura S, Nagai R, Kadowaki T. Impaired multimerization of human adiponectin mutants associated with diabetes. J Biol Chem 2003;278:40352-63.

Wang A, Gu Z, Heid B, Akers RM, Jiang H. Identification and characterization of the bovine G protein-coupled receptor GPR41 and GPR43 genes. J Dairy Sci 2009;92:2696-2705.

Winder WW, Hardie DG. AMP-activated protein kinase, a metabolic master switch: possible roles in Type 2 diabetes. Am J Physiol 1999;277:E1-E10.

Wise A, Foord SM, Fraser NJ, Barnes AA, Elshourbagy N, Eilert M, Ignar DM, Murdock PR, Steplewski K, Green A, Brown AJ, Dowell SJ, Szekeres PG, Hassall DG, Marshall FH, Wilson S, Pike NB. Molecular identification of high and low affinity receptors for nicotinic acid. J Biol Chem 2003;278:9869-74.

Yamauchi T, Kamon J, Minokoshi Y, Itoh Y, Waki H, Uchida S, Yamashita S, Noda M, Kita S, Ueki K, Eto K, Akanuma Y, Froguel P, Foufelle F, Ferre P, Carling D, Kimura S, Nagai R, Kahn BB, Kadowaki T. Adiponectin stimulates glucose utilization and fatty-acid oxidation by activating AMP-activated protein kinase. Nat Med 2002;8:1288-95.

Yamauchi T, Kamon J, Ito Y, Tsuchida A, Yokomizo T, Kita S, Sugiyama T, Miyagishi M, Hara K, Tsunoda M, Murakami K, Ohteki T, Uchida S, Takekawa S, Waki H, Tsuno NH, Shibata Y, Terauchi Y, Froguel P, Tobe K, Koyasu S, Taira K, Kitamura T, Shimizu T, Nagai R, Kadowaki T. Cloning of adiponectin receptors that mediate antidiabetic metabolic effects. Nature 2003;423:762-9.

Zhang Y, Proenca R, Maffei M, Barone M, Leopold L, Friedman JM. Positional cloning of the mouse *obese* gene and its human homologue. Nature 1994;372:425-432.

Zhang F, Basinski MB, Beals JM, Briggs SL, Churgay LM, Clawson DK, DiMarchi RD, Furman TC, Hale JE, Hsiung HM, Schoner BE, Smith DP, Zhang XY, Wery J-P, Schevitz RW. Crystal structure of the *obese* protein leptin-E100. Nature 1997;387:206-9.

Danksagung

Ich möchte mich an dieser Stelle bei allen bedanken, die mich bei der Anfertigung dieser Arbeit unterstützt haben.

Mein besonderer Dank gilt Frau Prof. Dr. Dr. Helga Sauerwein für die Überlassung des Themas sowie die Unterstützung in allen Phasen meiner Promotion.

Herrn Prof. Dr. Karl-Heinz Südekum danke ich für das Interesse an meiner Arbeit und die Übernahme des Korreferats.

Herr Dr. Manfred Mielenz danke ich für die Unterstützung bei allen wissenschaftlichen Frage und die gute Betreuung. Zudem möchte ich auch Frau Dr. Ute Müller und Frau Dr. Petra Regenhard für ihre Hilfe und Unterstützung danken.

Ein ganz besonderer Danke gilt Herrn Dr. Michael Hölker und Frau Dr. Christiane Theune für die Durchführung der Probennahmen.

Dem gesamten Laborteam sei gedankt, namentlich Frau Inga Hofs und Frau Isabella Israel für die Unterstützung bei der Entwicklung der Analysemethoden.

Der Lehr- und Forschungsstation Frankenforst und deren Mitarbeitern sei gedankt für die Bereitstellung der Tiere sowie für allseits gewährte Hilfe.

Dank der H. Wilhelm-Schaumann Stiftung für die finanzielle und ideelle Unterstützung während der Anfertigung meiner Doktorarbeit.

Mein größter Dank gilt meiner Mitdoktorandin und Freundin Kirsten Kemmerling, die mir während der gesamten Promotionszeit mit Rat und Tat zur Seite stand, und die mit mir alle Höhen und Tiefen durchschritt.

Für die stets gute Zusammenarbeit und Diskussion, vor allem in methodischen Fragen, danke ich Afshin Hosseini.

Ein großer Dank gilt meinen Mitdoktorandinnen und Mitdoktoranden, so wie allen weiteren Mitarbeitern für die nette Arbeitsatmosphäre und Hilfe bei allen auftretenden kleineren und größeren Problemen.

Bedanken möchte ich mich auch bei Kirsten Kemmerling, Ina Hahn, Anika Ooster, Christina Behrendt, Katharina Heindl und Esther-Luisa Schuster sowie meiner Mutter, die mir durch ihr Korrekturlesen eine große Hilfe waren.

Nicht zuletzt möchte ich mich bei meinen Eltern, die mir das Studium ermöglicht haben und mir auch während der Promotion stets eine sehr wichtige Stütze gewesen sind, bedanken.